本书是2021河北省文化艺术科学规划项目
"秦皇岛地区建筑文化遗产的活化利用研究（HB21-YB135）" 项目阶段性成果

明清山海关衙署建筑研究

冯柯 李楣 冯晓 ◎ 著

九州出版社
JIUZHOUPRESS

图书在版编目（CIP）数据

明清山海关衙署建筑研究 / 冯柯，李楣，冯晓著
. -- 北京：九州出版社，2023.6
ISBN 978-7-5225-1858-9

Ⅰ.①明… Ⅱ.①冯… ②李… ③冯… Ⅲ.①山海关
—政府办公建筑—建筑设计—明清时代 Ⅳ.①TU243.1

中国国家版本馆 CIP 数据核字（2023）第 095561 号

明清山海关衙署建筑研究

作　　者	冯柯 李楣 冯晓 著	
责任编辑	李　品	
出版发行	九州出版社	
地　　址	北京市西城区阜外大街甲 35 号（100037）	
发行电话	（010）68992190/3/5/6	
网　　址	www.jiuzhoupress.com	
印　　刷	三河市龙大印装有限公司	
开　　本	710 毫米 ×1000 毫米　16 开	
印　　张	10.5	
字　　数	135 千字	
版　　次	2024 年 10 月第 1 版	
印　　次	2024 年 10 月第 1 次印刷	
书　　号	ISBN 978-7-5225-1858-9	
定　　价	54.00 元	

序　言

    中国古代建筑历史经久绵长，建筑体系多样，相关研究成果丰富。对我国古代建筑的研究，概而言之，大多从建筑的时期及特点、建筑的法式、建筑的材料与技艺、建筑的类别等方面出发。其中，针对建筑类别的专业研究成果相对而言并不是很丰富，尤其是有关衙署类建筑的研究，这在古建筑研究中尚有更多的空间。当收到冯柯、李楣、冯晓三人所著《明清山海关衙署建筑研究》书稿时，我非常欣喜，这既是古建筑类别研究中的一部新作，又是具有很高学术价值的力作，且几位作者还是相对比较年轻的古建筑专业工作者，这一点弥足珍贵。

    本书研究的着眼点准确。其一，因为相关地方志书版本分散，流传无序，部分缺失，需要逐一辨析；其二，衙署建筑虽有实例，但全国范围内并不多见，一些时代久远的建筑，历代修葺、改建，增加了考据难度；其三，山海关城内衙署建筑变化，包括遗失建筑，增加了剖析整体建筑特点的难度。

    作为研究项目，本书创新点及成果也非常明显。首先，整理出县志中与衙署相关建筑的史料，为今后的研究者、业内需求者等查找和使用资料提供了便利；其次，收集归纳县志，涉及《永平府志》《山海关志》

1

《临榆县志》等的相关内容，对不同的衙署平面图进行对比，完成了山海关衙署的比较研究；最后，在研究手法上采用图像反向追索，结合同时期和同类型建筑的分析，对不同时期、同一地方、同一类建筑进行比较研究。

衙署建筑研究之所以成果寥寥，其中一个原因是在历代城市建设中，衙署不是没有，但不会很多。这是因为无论州、府，还是知、县，其衙署基本只有一处，不像其他类型建筑，可以多处选址建造，也可以多次建造。另一个原因是随着时代的发展，府衙废旧更新、选址另建几乎为常事，因此，留存延续建筑很少。

随着城市建设的推进和发展，我国城市化水平达到了新的阶段。改革开放40多年后，到2020年，我国城市化水平已达到63.89%，城镇体系、城市结构、空间形态等，使得现存衙署建筑早已不在城市的中心位置，也脱离了原有的环境。因此，对衙署的研究更迫切，难度也更大。在这种背景下，河北省将明清山海关衙署建筑研究作为文化艺术科学项目立项是明智之举。冯柯、李楣、冯晓三位同仁能抓住这一机遇，对山海关的明清衙署建筑进行专项研究，是建筑类别研究的幸事。

衙署类古建筑留存至今的不多，并陆续被评定、公布为各级文物保护单位，它们占文物保护单位建筑类的比例基本能说明其一定的现状。根据全国重点文物保护单位的数据及相关统计资料，在我国公布的第一至第五批文物保护单位中的建筑类别中，衙署建筑占比约为6.4%；第六批全国重点文物保护单位公布后，衙署建筑占第一至第六批全国重点文物保护单位中建筑类别的比例下降到4.4%；第七批、第八批全国重点文物保护单位公布后，衙署建筑占建筑类别总量的比例下降到2.6%以下。由此可以推断出，衙署建筑时间越久，越是珍贵，对其进行全面、深入、有效的研究也成为刻不容缓的事情。因此，本书的编著也可称为难能可贵之举。

衙署，是我国古代官员、胥吏办理公务的处所。最早的有《周礼
天官》"太宰以八法治官府"，即周代至战国时期称官府，汉代称官寺，
唐代以后称衙署、公署、公廨、衙门，民国时期又回称官府。无论称谓
如何改变和定位，衙署的基本格局始终没有大的变化。例如，衙署的中
厅或正堂为主建筑，设在庭院正中，正堂前设仪门、廊庑等，正式、重
要议事开启时使用正堂、正厅，其附属建筑为办理公务的处所。衙署内
应有档案架库及仓库等，地方衙署还设有军械库、监狱，京城以外衙署
还附设官邸，供官员和眷属居住生活之用。

山海关衙署，尤其具有特殊性。山海关历史上发生过多次事件，尤
其是明代。山海关是军事重镇，而衙署的职能已不是简单的理政务、平
民事，其从山海卫演变而来，军事之责更为显著。到清代，山海关衙署
又成为一般的行理政事、民事的衙门。作者紧紧抓住其中变化的独特
性，即它不仅是时间的节点，也是地理的节点，还是人类历史进程的节
点。作者通过历史文献，更通过衙署建筑的研究，体现了这一历史节
点，说明该书研究思路、研究意境、研究成果达到了一个新的高度。

祝冯柯、李楣、冯晓三位同仁，发挥自己在古建筑领域已有的深厚
实力，好风借力再扬帆，砥砺前行启新程，取得更丰富的研究成果。

是为序。

2021 年 9 月于紫禁城

目　录

图表目录

第二章　山海关的历史沿革

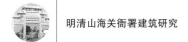
第五章　明清山海关衙署建筑研究

附　录

绪　论

对衙署建筑的研究，其实是意料之外的收获。本书著者之一冯柯 2006 年来秦皇岛工作，接触历史建筑，把主要精力放在了秦皇岛的 "城与宅" 上。2015 年整理资料时发现，对秦皇岛当地历史上的衙署建筑，学界并没有太多的研究成果，其原因有二：一是原有的衙署建筑地上遗存几乎不寻，缺少实物；二是衙署建筑应当属于与今日社会不 "匹配" 的建筑，换句话说，这类建筑在现今生活中无实际用途。如果非要用一类现代建筑进行类比，衙署建筑比较接近于今日的办公建筑，尤其是政府机关办公建筑。因此，进行衙署建筑的研究困难重重。课题小组及研究团队幸得 2021 河北省文化艺术科学规划项目立项，使得衙署建筑研究得以继续。

由于山海关的地理位置以及其在明清两朝历史中的特殊地位，对山海关历史建筑进行研究时应该关注的是其独特性——它不仅是时间的节点，也是地理的节点，还是人类历史进程的节点。

山海关由明代军事重镇山海卫演变而来，清代改为临榆县，历史上曾属辽西郡，中国第一代封建帝王秦皇嬴政曾经东巡驻跸于此。与山海关相关的历史传说故事还有孟姜女哭长城、始皇帝立碣石、魏武挥鞭、秦王李世民的巡防等。那么，山海关作为明代重镇，到清代改为普通行政县衙，其间又发生了多少改变呢？本书尝试通过历史文献，尤其是明代县志和清代县志，再结合笔者的研究背景，将研究重点放在衙署建筑上。

第一节　提出问题

本书的研究问题很明确，即特定地点的特定建筑的研究——对山海关明清时期的衙署建筑进行探索分析。衙署建筑属于建筑类型中的行政办公建筑。历史上的衙署建筑往往集合了地方政务处理、官员居住、典狱刑房等多重功能，对此类建筑进行个案研究，有助于厘清明清两朝建筑制度的异同。截至 2020 年年底，被纳入国家文物保护名单的衙署类建筑见表 0-1。

以明清时期为例，其衙署建筑可以分为中央衙署与地方衙署两类。中央衙署建筑一般设在都城，比如今天的北京、南京。清代的中央衙署建筑设在千步廊两侧。虽说是沿用了明制，但因为制度的差异，官署的布局在千步廊西侧变化比较多。地方衙署建筑一般会设在府城、州城或者县城。衙署随地位不同常常被称为府衙、州衙与县衙。本书研究的明清时期的山海关衙署建筑属于县衙。

我国现在保存的衙署建筑中，选取列入全国文物保护名单的衙署类建筑有 6 座，其中河南省 4 座，山西省 1 座，河北省 1 座。这些衙署建筑等级较高的是知府衙门，建造年代多为明清时期。

表 0-1　全国重点文物保护名单中部分衙署类建筑概况（冯柯绘制）

全国重点文物保护单位公布批次时间	第三批 1988 年	第四批 1996 年	第四批 1996 年	第五批 2001 年	第五批 2001 年	第六批 2006 年
建筑名称	直隶总督署	内乡县衙	霍州州署大堂	南阳知府衙门	临晋县衙	叶县县衙
建筑所在地	河北省	河南省	山西省	河南省	山西省	河南省
概况及沿革	直隶总督署，又称直隶总督部院，是中国一所保存完整的清代省级衙署。原建筑始建于元，明初为保定府衙，明永乐年间改做大宁都司署，清初又改作将军署。清雍正八年（1730 年）经过大规模的扩建后正式建立总督署，历经雍正、乾隆、嘉庆、道光、咸丰、同治、光绪、宣统八帝，可谓是清王朝历史的缩影，曾驻此署的直隶总督共 59 人 66 任。	内乡县衙始建于元大德八年（1304 年），历经元、明、清三个朝代的修缮及扩建，逐渐演变形成了一组规模庞大、气势恢宏的官衙式建筑群，被专家誉为"神州大地绝无仅有的历史标本"。	霍州署创建年代不详，据明嘉靖三十七年（1558 年）版《霍州志》记载，元代州署具有一定规模，元大德七年（1303 年）大地震，建筑全部塌毁。次年重建，元至正十八年（1358 年）毁于火灾，唯大堂幸存。明洪武四年（1371 年）重建，后代又有增补修葺。现存建筑大堂为元代原构，仪门、戒石亭为明代建筑，余皆清代所建。	南阳府衙是中国唯一保存完整、规制完备的知府衙门，也是中国历史上最大府衙。初置于元，即 1271 年。光绪二十三年（1897 年），由知府傅凤飏倡导并亲自督导，对府衙古建筑群进行了史无前例的关键性宏大修缮及重建。撰写了《重修南阳府署记》碑文。此次修葺，前后经历 5 个年头，至光绪二十七年（1901 年）竣工。	临晋县衙，位于山西省临猗县城西北 20 公里的临晋镇，为元代时临晋县衙署所在地。廨署创建于元大德间（1279—1307）。明清两代及民国年间均有修葺，大堂的梁脊板上留有民国二十三年（1934 年）10 月最后一次重修题记。临晋县衙，现存主体建筑大堂为元代原构，是山西省目前保留下来的三处元代大堂建筑之一。	叶县县衙位于河南省叶县东大街。始建于明洪武二年（1369 年），是目前中国现存古代衙署中唯一的明代县衙建筑。

一、研究缘起

本研究的起源是《临榆县志》中的一张图，这张衙署图（图 0-1）建筑单体的形象完备，整个建筑群的布局序列也是完整的，于是笔者联想起在讲授"中国建筑史"这一课程时提及的衙署建筑。课堂上的例证多是研究较为成熟的建筑群，如直隶总督府、南阳府衙等，而在秦皇岛地区似乎并没有看到衙署类建筑的例证。出于研究者的好奇心或者学术敏感性，笔者在阅读时掀起了一小片书页，没想到，重新认识了一座古城。

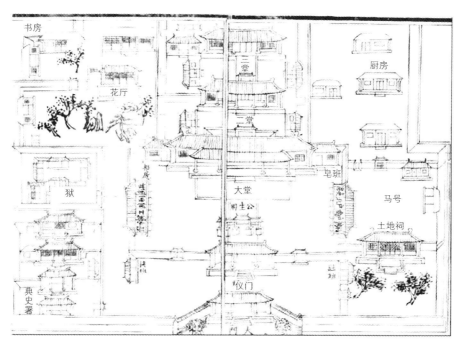

图 0-1 县署全图

资料来源：清·乾隆三十九年（1774 年）《临榆县志》

要想清楚认识衙署建筑，就需要有一定的历史知识。一方面需要了解古代的职官制度，另一方面需要知晓古代的建筑制度。职官制度又是一个比较专业的学科，本书中只是对研究所关注的部分加以简要阐述，并不做深入的讨论。建筑制度是建筑历史研究中不可回避的内容。对于官式建筑，历朝历代都有一定的规范和规定，如唐代的《唐六典》《营缮令》等。也有一些相关规定记录在历史文献及档案当中，较多的可能是记录在"舆服志"内。但也有例外，如"将作院"在元代并不是与营造相关的官署。阚铎先生的《元大都宫苑图考》中就做了这样的引述："元制土木工程，属于少府监，内分大木局、小木局、泥瓦局、油漆局、铜局、铁局、画局、雕木局、采石局等部分，几举营造法式诸作而分掌之。"①

二、研究价值

从学术上来说，深入探讨县志所记衙署的相关史料，是对于建筑史文献研究传统的延续和深化，有益于秦皇岛当地的建筑史研究。同时，本书以山海关衙署相关志书为切入点，也是对秦皇岛地方志文献中建筑资料研究的有益尝试。

我国古代建筑中衙署建筑是与宫殿建筑、祭祀建筑、陵墓建筑、宗教建筑、居住建筑和园林建筑等并列的一个建筑类型。通过对衙署建筑的研究，不仅可以了解衙署建筑的功能布局、形制风格，还可以了解封建礼制、地方政治制度及封建官制制度对我国古代建筑的影响，是我国建筑历史研究中不可或缺的一部分。同时，衙署整体空间布局表现了宗法礼制和等级思想。因此，对于衙署建筑的分析研究是有其重要意义的。

---

① 阚铎：《元大都宫苑图考》，《中国营造学社汇刊》1931 年第 1 卷第 2 期，第 122—123 页。

第二节 研究现状

在建筑学视域下，对历代衙署建筑的研究可以分成两类：一类是个案研究，另一类是制度研究。

个案研究，大多以现存比较完整的衙署建筑为研究对象，比较典型的是南阳内乡县衙和保定直隶总督府。这类研究近来出现了一个新的趋势，即保护与开发结合的模式，如慈城县衙的研究。①

制度研究，则呈现多学科和跨学科的不同模式。多学科是指从社会学、历史学、经济学等不同学科的角度对职官制度的确立和变迁等方面展开探讨。跨学科是指以某一学科为主借鉴其他学科成果，在本学科内进行深入研究，如结合城市布局探索衙署建筑的制度研究。

笔者以中国知网为文献源，共检索到相关研究成果 31 篇，其可视化分析见图 0-2 和图 0-3 所示。

图 0-2 相关文献资源类型分布图

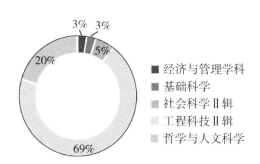

图 0-3 相关文献学科分布图

---

① 赵辰、严再天、严建平：《"古慈溪县衙署"建筑群重建》，《建筑学报》2006 年第 1 期，第 56—59 页；《慈城镇古县城衙署建筑群重建工程，宁波，浙江，中国》，《世界建筑》2015 年第 5 期，第 102—103 页。

一、山海关当地志书研究

《秦皇岛历代志书校注》①，包括明弘治至清光绪年间《永平府志》七部，明嘉靖至清康熙年间《山海关志》《卢龙塞略》边关志三部。此书是明、清原永平府地区的一套版本齐全、内容完整、标点注释差错少、规范简化、好阅读的旧志书。此书已对收集到的县志原文进行了梳理和解读，只是书中收录的县志中的图不够精细。此书收录编辑校对的历史县志如下：

明·弘治十四年（1501 年）《永平府志》

明·嘉靖十四年（1535 年）《山海关志》

明·万历二十七年（1599 年）《永平府志》

明·万历三十八年（1610 年）《卢龙塞略》

清·康熙九年（1670 年）《山海关志》

清·康熙十二年（1673 年）《续补永平志》

清·康熙十八年（1679 年）《永平府志》

清·康熙五十年（1711 年）《永平府志》

清·乾隆三十九年（1774 年）《永平府志》

清·光绪五年（1879 年）《永平府志》

但是笔者在收集整理衙署资料以及写作过程中，查阅到部分古代文献与《秦皇岛历代志书校注》记载有异。本书参考的《山海关志》为康熙八年（1669 年）翻印版，而非康熙九年（1670 年），收藏于燕山大学图书馆；《永平府志》为乾隆三十八年（1773 年），此版本为电子书籍，原书藏于早稻田大学图书馆。此外，笔者还找到了未被该丛书收

---

① 董耀会：《秦皇岛历代志书校注》，中国审计出版社，2001。

录的乾隆二十一年（1756 年）《临榆县志》、光绪十四年（1888 年）
《临榆县志》，其阅读版本为电子书籍，原书藏于哈佛大学图书馆。

二、衙署类建筑的研究

从研究对象的范围来看，衙署建筑研究又可以分为全国范围内的衙
署建筑研究与地域范围内的衙署建筑研究。就笔者目前收集到的研究资
料来看，学界尚未有对山海关城衙署建筑的研究。

学者陈凌基于文献对宋代衙署布局及差异性的分析①，学者赵龙依
托县志对宋代衙署建筑布局、规制以及官衙制度的分析②，皆倾向于历
史学与地理学研究。现存最早的衙署建筑始建于元代，学者高星对山西
元代三座衙署遗存建筑进行了测绘与研究，并撰写了硕士学位论文
《元代衙署建筑形制研究》③。牛淑杰是较早对明清衙署建筑制度进行研
究的学者，其硕士学位论文《明清衙署建筑制度研究》④ 以河南地区衙
署为例，分析了明清以来的衙署建筑制度。部分学者对明代衙署建筑的
基本特征做过研究，如姚柯楠和李陈广撰写的《衙门建筑源流及规制
考略》⑤ 中指出，明代衙署建筑大体坐北朝南，即以一条南北向的主体
甬道为中轴线，主要建筑如照壁、大门、仪门、戒石坊，以及主体建筑
如大堂、二堂、三堂，依次排列在这条中轴线上。在方位上，衙署建筑
布局以左为尊⑥，衙署监狱多设在西南，在仪门之外。东南为巽地，寅

---

① 陈凌：《宋代府、州衙署建筑原则及差异探析》，《宋史研究论丛》2015 年第 2 期，第 141—158 页。
② 赵龙：《方志所见宋代县衙署建筑规制》，《中国地方志》2014 年第 4 期，第 53—59，第 64 页。
③ 高星：《元代衙署建筑形制研究》，西安建筑科技大学硕士学位论文，2014，第 34—38 页。
④ 牛淑杰：《明清时期衙署建筑制度研究》，西安建筑科技大学硕士学位论文，2003，第 18—20 页。
⑤ 姚柯楠、李陈广：《衙门建筑源流及规制考略》，《中原文物》2005 年第 3 期，第 84—86 页。
⑥ 县官宅居东，主簿宅居西。又如，在府衙中，同知宅居东，通判宅居西。左文右武。衙署六
    曹俱处大堂之前，其排列按左右各三房，东列吏、户、礼，西列兵、刑、工，然后再分先后，
    即吏、兵为前行，户、刑为中行，礼、工为后行。

宾馆、衙神庙多设在建筑群的东南方位。前衙后邸，衙署的大堂、二堂为行使权力的治事之堂，二堂之后则为长官办公、起居及家人居住之所。大部分学者通过个例对清代衙署建筑进行研究，如田林、王笑轩的《清代道台衙署建筑及文化意蕴研究》①，以清河道台衙署为例，分析研究了其建筑布局、建筑特征，给出了道台衙署建筑的文化意涵——等级观念、官衙文化等。胡介中的《清代北京衙署建筑基址规模之探讨》②从建筑用地规模的角度分析了职官等级关联性，对中央衙署的建筑尺度进行研究，并给出了清代北京城内的三类衙署——管理国政的国家机关衙署、管理北京地方事务的地方机关衙署和管理宫廷事务的内府官署。杨建华的《明清扬州衙署建筑》③ 梳理了对扬州地区的衙署历史，主要对盐政事务及商贸相关衙署建筑进行分析和研究。

衙署建筑从职能上又可以分为文官衙署与武备兵府，这些建筑与文官和武官职官体系相对应，在建筑布局和建设上存在差异。对明代总兵制度的研究，有学者张士尊的《明代总兵制度研究（上、下）》④、学者胡珀的《明代前期总兵制度形成研究》⑤；对明代军镇体系的研究，有赵现海的《明代九边军镇体制研究》⑥ 等；在营缮监管制度上有林晓蕾的《清代官府营缮工程监管机制研究》⑦ 等。

综上，不论是从学科专业角度来看，还是从地域角度来看，山海关当地的衙署建筑都值得进行深入研究。

① 　田林、张笑轩：《清代道台衙署建筑及文化意蕴研究——以清河道署为例》，《古建园林技术》2016 年第 3 期，第 45—50 页。
② 　胡介中：《清代北京衙署建筑基址规模之探讨》，《中国建筑史论汇刊》2009 年第 0 期，第 305—324 页。
③ 　杨建华：《明清扬州衙署建筑》，《华中建筑》2015 年第 33 卷第 12 期，第 177—180 页。
④ 　张士尊：《明代总兵制度研究（上）》，《鞍山师范学院学报（综合版）》1997 年第 3 期，第 20—24 页。
⑤ 　胡珀：《明代前期总兵制度形成研究》，黑龙江大学硕士学位论文，2010，第 64—71 页。
⑥ 　赵现海：《明代九边军镇体制研究》，东北师范大学博士学位论文，2005，第 110—114 页。
⑦ 　林晓蕾：《清代官府营缮工程监管机制研究》，暨南大学硕士学位论文，2018，第 7—18 页。

第三节 研究内容与研究方法

本书主要参阅了明清时期的山海关地方志，其中包括：

明·嘉靖十四年（1535 年）《山海关志》

清·康熙八年（1669 年）《山海关志》

清·康熙五十年（1711 年）《永平府志》

清·乾隆三十八年（1773 年）《永平府志》

清·乾隆二十一年（1756 年）《临榆县志》

清·光绪十四年（1888 年）《临榆县志》

本书还参阅了《大明一统志》① 《大清一统志》② 等史书与山海关地域及衙署相关的部分内容。

一、研究对象的确定

本书题为"明清山海关衙署建筑研究"，题目表明了研究的时间范围、地域范围以及建筑类型。

需要说明的是，"山海关"在题目中其实是作为一个指代。一方面，山海关因其"天下第一关"的称谓，在大众当中知名度颇高；另一方面，因为明清时期对山海关的称谓不同，若根据不同历史时期频繁变换称谓，则易使读者产生混乱。因此，题目以山海关为名，主要考虑作为地理上所指的山海关，不管是明代称其为山海卫，还是清代称其为临榆县，本书统称为山海关。

---

① ［明］李贤等：《大明一统志》，三秦出版社，1990，第3850—3855 页。
② ［清］穆彰阿等：《大清一统志（嘉庆重修一统志）》，上海古籍出版社，2008。

本书的研究对象确定为山海关（地理）的衙署建筑，在时间上选取明洪武四年（1371年）、洪武十四年（1381年）、嘉靖十四年（1535年）和清康熙八年（1669年）、康熙五十年（1711年）、乾隆三十八年（1773年）、光绪十四年（1888年）为节点，选取这些节点时间主要是根据搜集到的县志编修时间和根据文献中明确给出的相关时间而定。

二、研究内容与方法

（一）研究内容

1. 不同时期衙署建筑的特色，如建筑群布局以及建筑文化等。

2. 明清两朝衙署建筑的对比，以及同朝不同时期的建筑分析比较。

（二）研究方法

本书主要采用对比研究方法，从建筑布局、建筑功能形制、建筑设计等不同角度对明清不同时期的衙署建筑特色进行分析研究，辅以文献与田野调查。

三、研究难点与创新性成果

（一）研究难点

1. 地方志的版本流传比较分散，加之历史久远部分资料有缺失或错漏，在分析研究的过程中需要加以辨析。

2. 对于衙署建筑本身，全国范围内的遗存并不多见，仅存的几座代表性建筑，其时代特色接近清代，虽然一些建筑可以追溯至元、明时代，但经历过清代的修缮，从时代上进行考据，难度也不小。山海关城内并无遗存的衙署建筑实体，但从航拍图与古代地图的相互对应中，可以看到衙署建筑的建筑群边界，这使得对衙署建筑的研究有了可依托的基础，但是缺失建筑本体使得研究者对建筑的营造特点不能进行深入剖析。

（二）创新性成果

1. 整理出县志中与衙署建筑相关的史料，为后续研究者查找资料提供方便。

2. 收集归纳县志中与山海关衙署建筑相关的内容，根据不同衙署的平面图，对明清山海关衙署建筑进行比较研究。

3. 在研究方法上，一是采用图像的反向追索，结合同时期的同类型建筑进行分析；二是采用对比研究，对不同时期的同一地方、同一类建筑尝试进行比较研究。

第四节　研究框架

全书采用了总—分—总的写作方式，即对衙署建筑的历史发展及文化背景做出概括性梳理，对目前已有的研究成果进行综述分析。在对衙署建筑进行整体的论述之后，根据县志和其他相关历史文献，分别论述山海关地区在明清两朝的衙署建筑的特点。最后，采用对比研究对衙署建筑这一研究主体进行分析。其具体章节内容如下：

一、章节内容

绪论部分主要介绍本书研究问题的提出、研究内容与方法、研究框架。

第一章概述衙署建筑的发展变迁，解释相关概念，说明衙署类建筑与城市空间的相互关系。

第二章分析山海关的历史沿革变迁，包括建制之前该地区的历史简述、明代设卫以及清代改县的历史。

第三章分析研究山海关明代衙署建筑，包括明代衙署建筑的一般特点、明代山海卫衙署建筑研究。

第四章分析研究山海关清代衙署建筑，包括清代衙署建筑的一般特点、清代临榆县衙署建筑研究。

第五章分析明清时期山海关衙署建筑的不同，进行比较研究。

结论与展望部分给出了研究的基本结论。

二、研究框架

明清山海关衙署建筑研究框架如图 0-4 所示。

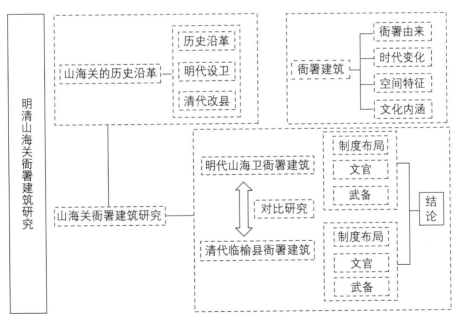

图 0-4 研究框架简图（冯柯 2018 年绘制）

第一章　衙署建筑概识①

　　中国古代建筑因建造者和使用者不同而产生了丰富多样的建筑形制。属于官式建筑的衙署建筑，是中国古代主要建筑类型之一，在中国古代建筑中有着极其重要的地位。

　　在等级森严的封建社会里，衙署是中国古代官吏办公、审案的场所。早在汉代以前就有关于衙署的记载，战国时期的《周礼注疏》上有"以八法治官府"的记载。② 汉代的衙署称寺，唐以后称官署、衙署、公署、公廨、衙门等。到了明清时期，就有了县衙、县署、县治等称谓。

　　衙署可分为中央官署和地方官署。中央官署一般设在都城之内或宫殿的四周，地方官署则建在治所所在城市的中部，若是再大些的州府多建在子城以内，包括军事机构、仓库等，近于行政、军事、经济城堡。③

---

① 本章内容根据相关学者的研究成果整理而成，借鉴了历史学、社会学等学科的研究成果，如果相关学者引述文献相同则只列一处。相关学者具体成果参阅书中引注。

② 牛淑杰：《明清时期衙署建筑制度研究——以豫西南现存衙署建筑为例》，西安建筑科技大学硕士学位论文，2003，第 4 页。

③ 同上，第 5—6 页。

中国古代的统治者认为"民非政不治，政非官不举，官非署不立"，对各个阶级所用建筑的形制、衙署的设置等级等都十分重视，并且有一定的规制与法典。通过观察研究现存的北京故宫博物院、南阳知府衙门、内乡县衙门等可以看出，中国古代衙署建筑在明清时期已经高度制度化、标准化、定型化，渗透着浓厚的等级观念和文化底蕴。

中国古代衙署建筑的等级、种类都要按照法典律令的规定来严格划分。俗话说，"北有故宫，南有县衙""一座内乡衙，半部官文化"，地方各级衙门的构成都是以最高集权所在地——北京城的构成为依据的。所以说，封建社会的地方衙门（省、府、州衙门和县衙）受到皇宫建筑格局的影响，两者有许多相似之处。

衙署研究学者基本认同衙门的建筑布局具有相似性，即衙门不论面积大小、级别高低，大致都有如下特点[①]：

1. 庭院多为进式院落。此类型院落等级较高，集实用性、政治性、纪念性、观赏性于一身。其特点是平面布局严谨，空间体量广阔，庭院规整繁多，等级界限明显。

2. 坐北面南，左右居中对称。衙署的主体建筑均在南北中路轴线上，自南向北依次为照壁、大门、仪门、戒石坊、六房、大堂、二堂、三堂，东西线上分列相应的辅助建筑和厢房、配房等。

3. 前衙后邸[②]，功能分区明确。因为衙门不仅是官员工作的地方，还是官员及其家眷生活居住之所，所以建筑功能分区明确且重要。大堂、二堂为办公场所，即审案、判决治事之处。二堂后设内宅院落，供主官办公起居及家人居住。

4. 体现"左尊右卑""左文右武""重文轻武"的礼制习俗与等级

① 牛淑杰：《明清时期衙署建筑制度研究——以豫西南现存衙署建筑为例》，西安建筑科技大学硕士学位论文，2003，第33—34页。
② 根据《永平府志》中所载府志图，其衙署与官邸的位置关系是主从而非前后，这可能与用地大小和位置有关。笔者认为"前衙后邸"的布局有时会有局部调整，故而加以说明。

观念。六房分列于大堂前，左右各三房。东列：吏、户、礼；西列：兵、刑、工。然后分先后：吏（文）、兵（武）二房为前行，户、刑二房为中行，礼、工二房为后。再如，县丞、主簿，县丞居东，主簿居西；府同知、通判佐贰官，同知居东，通判居西。

5. 根据"风水"辨方正位。西南为"坤"，肮脏之处，故监狱多设在仪门西南方，称"南监"。仪门旁设两侧门，东侧为"生门"，供工人们出入之用；西侧称"死门"，是死刑犯通过之门。

第一节　衙署的由来

典、彝、法、则、刑、范、矩、庸、恒、律、戛、职、秩，常也。（庸、戛、职、秩义见《诗》《书》，余皆谓常法耳）［疏］"典彝"至"常也"。释曰：皆谓常礼法也。典、刑者，《诗·大雅·荡》篇云："尚有典刑。"彝者，《洪范》云："彝伦攸叙。"法、则者，《周礼·天官冢宰·大宰》："以八法治官府，……以八则治都鄙。"《周礼注疏·卷二》云："邦国官府谓之礼法，……常所守以为法式也。""则，亦法也。典、法、则，所用异，异其名也。"范者，模法之常也。矩者，度方有常也。庸者，《尚书·虞书皋陶谟》云："自我五礼有庸哉！"恒，久之常也。《尚书·商书汤诰》云："若有恒性。"律者，常法也。戛者，《尚书·周书·康诰》云："不率大戛。"职者，主之常也。秩者，《商颂·烈祖》云："有秩斯祜。"

柯、宪、刑、范、辟、律、矩、则，法也。（《诗》曰："伐柯伐柯，其则不远。"《论语》曰："不逾矩。"）［疏］"柯宪"至"法也"。疏曰：此亦谓常法，转互相训。柯者，执以取法也。宪者，《大雅·桑扈》云："百辟为宪。"辟，罪法也。

疏曰："刑、范、律、矩、则，皆谓常法也。"注"《诗》曰"至"逾矩"。释曰：云"《诗》曰：伐柯伐柯，其则不远"者，《豳风·伐柯》文。云"《论语》曰：不逾矩"者，《为政》文。①

这是《尔雅》中相关字的释义，后人作《尔雅》释义再继续展开解释，这里的字包括与官衙、衙署、刑罚、制度相关的用词。

《周礼·天官冢宰·大宰》：太宰以八法治官府，一曰官属，以举邦治；二曰官职（谓所治之事），以辨邦治。……八曰官计，以弊（断也）邦治。

以八则治都鄙，三曰废置（有罪则废，有行则置），以驭其吏。四曰禄（俸也）位（爵也），以驭其士。

以八统诏王驭万民，……三曰进贤（有德者进用之），四曰使能（有才者役使之），……七曰达吏（吏谓在下位者，达谓进之于上）。

《周礼》记载的"太宰八法"指的是官属、官职、官联、官常、官成、官法、官刑、官计，并以此为纲，提举众职而贯通之，它更接近于一种行为规范或准则。

一、衙署称谓及其沿革

关于衙署的记载，最早可见于战国《周礼注疏》上的"以八法治

---

① ［晋］郭璞、［宋］邢昺《尔雅注疏》卷一。《尔雅》中收集了比较丰富的古汉语词汇。它不仅是辞书之祖，还是典籍——经，被列入《十三经》中，又名《十三经注疏：尔雅注疏》，是对《尔雅》加以注解的中国古代著作。

官府"。① 关于官府的含义，《周礼注疏·卷二》曰："百官所居曰府，弊，断也。"② 可见衙署最初称为官府。

衙署在汉代被称为寺、署，如东汉鸿胪寺被改做佛教寺庙（白马寺）之前是一座衙署。唐以后也称衙署为官署、公署、衙门等。根据字形和解释，可以知道"衙"的本义还有"行列""行进"的意思，"署"字字形似网，意为"安排"。（表1-1）

表1-1　"衙、署"汉字字源与释义

字形	康熙字典	说文解字	详　解
衙	《唐韵》五加切。《集韵》《韵会》牛加切，音牙。《广韵》衙府。《类篇》古者军行有衙，尊者所在，后人因以所治为衙。	形声。从行。吾声。本义：列队行进的样子。	（衙）衙衙、依广韵九鱼补二字。行皃。九辩。导飞廉之衙衙。王注。风伯次且而扫尘也。按，衙衙是行列之意。后人因以所治为衙。从行。吾声。鱼举切。又音牙。五部。
署	《广韵》《集韵》《韵会》常恕切，音曙。《说文》部署，有所罔属。《注》徐锴曰：署置之，言罗络之若罘罔也。《玉篇》置也。《广韵》廨署。《鲁语》署位之表也。《史记·项羽纪》部署吴中豪杰。《楚辞·远游》选署众神以并毂。《补注》署，置也。又《玉篇》书检也。	部署，有所网属。从网者声。常恕切。徐锴曰："署置之，言罗络之，若罘网也。"	（署）部署也。部署犹处分。疑本作罘署。后改部署也。项羽本纪曰：梁部署吴中豪杰为校尉司马。急就篇曰。分别部居不杂厕。鲁语。孟文子曰：夫位、政之建也。署、位之表也。署所以朝夕虔君命也。按官署字起于此。各有所网属也。从网。网属犹系属，若网在纲，故从网，者声。者、别事词也。此举形声包会意。常恕切。五部。

资料来源：汉典网

---

① ［东汉］郑玄、［唐］贾公彦：《十三经注疏·周礼注疏》第42卷，中华书局，1980，第931页。下文所引《周礼注疏》均为此书，注释从简。
② ［唐］贾公彦：《周礼注疏》，中华书局，1985。

《辞海》对"衙"字的解释，第一条为："旧时官署之称。"《旧唐书·仪卫志》："诸州县长官在公衙亦准此"。《辞源》对"衙"字的解释，第一条为："官署也，详见衙门条。"衙门条的解释为："衙门，本牙门之讹，古营门所立之旗，两边刻绘如牙状，谓之牙旗，因谓营门曰牙门。听令者必至牙门之下。初第称之于军旅，后渐移于朝署。一说刻木为牙，立于门侧，以象兽牙，故称衙门。"《中华大字典》对"衙"字的解释，第一条为："旧时官署之称。《广韵·麻韵》：'衙，衙府也。'唐封演《封氏见闻记·公牙》：'近代通谓府廷为公衙。'公衙即古之公朝也。字本作牙，《诗》曰：'祈父，予王之爪牙。'祈父司马掌武备，像猛兽以爪牙为卫。故军前大旗谓之'牙旗'……军中听号令，必至牙旗之下，称与府朝无异。近俗尚武，是以通称公府为'公牙'，府门为'牙门'，音稍讹变，转而为衙也。'宋代苏轼的《寄高令》：'几番曾醉长官衙。'《聊斋志异·胭脂》：'鼓动衙开，巍然高坐。'"①

衙门，本"牙门"之讹。"牙门"开始时为古代军旅营门的别称，人们最早时是将猛兽的爪牙悬挂于军营帐门的门头，后来改为木质雕刻的饰品，如将木刻兽牙装饰在营门两侧，这就是实实在在的"牙门"。"衙"是在汉字的演变中产生的，在唐代的史籍中"牙"和"衙"通用。②

"署"字的含义在《辞海》中首先是："办理公务的机关，如公署、官署。"因而衙署即为官署。官府是衙署最早的称谓，是古代地方统治阶级的行政机构。

战国时期的《周礼注疏》中有关衙署的记载可以理解为太宰分别采用八种法则来管理官署，分别为官职、官常、官法、官刑、官联、官

---

① 牛淑杰：《明清时期衙署建筑制度研究——以豫西南现存衙署建筑为例》，西安建筑科技大学硕士学位论文，2003，第4页。

② 唐代封演的《封氏闻见记》卷五"公牙"条说："近代通谓府廷为公衙，公衙即古之公朝也。字本作'牙'。"

计、官属、官成。官属指官署，是官府办公的地方，事关国家政事。

《辞源》对于"署"的解释第二条为："《国语》：署，位之表也。故官衙曰署，为表其治事之地也。"《中华大字典》对于"官署"的解释为："办公的处所，如公署。《广韵·御韵》：署，廊署。《篇海类编·器用类·网部》：署，官舍曰署。《国语·鲁语（上）》：臣立先臣之署，服其车服。《汉书·李广苏建传》：宣帝即时召武待诏宦者署，数进见，复为右曹典属国。《新唐书·宗室宰相传·李程》：学士入署，常视日影为候。明汤显祖《紫钗记·杏苑题名》：玉署春光紫禁烟，青云有路透朝元。"

到明清时期，官府通常称为公署、衙署、公廨、衙门，经过历史演变，开始有了县署、县衙、县治等称谓。进入民国时期，"衙门"一词被废止，地方官府遂用"政府"称谓。中华人民共和国成立后，政府称"人民政府"，如县政府称"县人民政府"。

二、衙署建筑的由来与变迁

原始社会时期，部落中的"大房子"可能是部族议事的公共场所，可以说是建筑公共性的雏形。例如，属于仰韶文化时期的姜寨遗址（图1-1）内部中心有大房子，数个小房子环设其周围，建筑呈现部分的向心性。另外，岐山凤雏村西周四合院遗址是我国最早的四合院建筑（图1-2），在该建筑西侧的西厢房出土了大量的龟甲，由此可以推定该建筑或为祭祀或占卜之用。

衙署建筑是随着国家行政区划的日趋完善而逐步完成的。汉代将衙署称为"官寺"，官寺建筑采用庭院布局方式，围墙呈矩形，寺门通常面

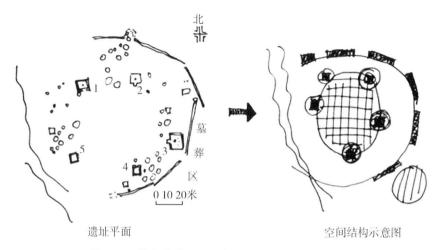

图 1-1　姜寨遗址平面示意图（冯柯 2018 年绘制）

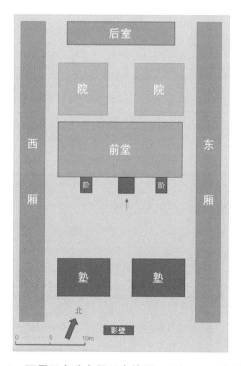

图 1-2　西周四合院布局示意简图（冯柯 2018 年绘制）

21

朝大路。《后汉书》记载东晋玄学家张湛"后告归平陵，望寺门而步"①，这句话的意思是张湛告老还乡归平陵之时，只能望着寺门而却步。由此可知，官寺是有较为严格的进出制度的。官寺的门前一般刻有二桓表。现代建筑史家刘敦桢的《大壮室笔记》记载："其县寺前夹植桓表二，后世二桓之间架木为门，曰桓门。宋避钦宗讳，改曰仪门。门外有更衣所，又有建鼓，一名植鼓，所以召集号令为开闭之时，官寺发诏书，及骚传有军书急变亦鸣之。"② 这就解释了东汉时期衙署建筑中部分建筑的构成与设置：东汉时期的县衙，即官寺，门前刻有二桓表，后世在二桓表之间架起木门，称为桓门。宋代时为了避宋钦宗赵桓之名讳，改称仪门。门外有更衣之处，又设置大鼓以作召集号令、颁发诏书、通传军令之用。

另一方面，根据"圣人南面而听天下，向明而治"③ 及"廷者，阳也，阳尚生长"④ 之语和"衙门八字朝南开"的俗语可知，寺门方向坐北朝南。据《古今注》卷上载："塾，门外之舍也。"县寺门旁一般有"塾"与围墙相接，左右两边各置一间，也就是说县寺的正堂两侧一般均为厢房，通常只受理普通事务。另外，各级别官吏处理事务的办公场所受衙署面积大小的影响，如县令与官职较低者在正厅两厢会面，而与官职较高者则在主庭院旁大院落会面。

此外，监狱是县衙中的重要设置。据《后汉书·卷五》中《孝安帝纪》记载："皇太后幸洛阳寺及若庐狱，录囚徒。"县衙的北边为监狱，与汉代人北方主刑杀的思想观念一致。⑤ 所以，衙署建筑布局"南衙北狱"的形态应该出现在汉代。

---

① ［南朝宋］范晔：《后汉书》第 27 卷，广陵书社，2012，第 138 页。
② 刘敦桢：《刘敦桢文集》第一卷，中国建筑工业出版社，1982，第 91 页。
③ ［周］姬昌：《周易》第 9 卷，中华书局，1981，第 278 页。
④ ［东汉］应劭：《风俗通义校注》，王利器校注，中华书局，1981，第 546 页。
⑤ 同上，第 585 页。

作为办公场所的衙署建筑（群），除了"公务系统"之外，也包括"附属部分"，这个"附属部分"指的是官员家眷的居住之所（图1-3）。《后汉书·卷一》中《光武帝纪》中记载："皇考南顿君初为济阳令，以建平元年（公元前6年）十二月甲子夜生光武于县舍。"据此可知，济阳令可以携带家眷与之同住。《后汉书·卷六十四》中的《吴延史卢赵列传》记载："济北戴宏父为县丞，宏年十六，从在丞舍。"由此可知，县令有独立的院落居住，后庭修建花园，作为官员宴会、待客、游官等场所。通过上述文献可知，衙署建筑群的附属部分既包含官员及其家眷的居住之所，也包含宴客、待客以及游官的私家花园部分（县志中一般称为后花园或者花厅）。

图1-3　宁波慈城古镇县衙（冯柯2017年拍摄）

根据清代《临榆县志》中衙署全图，衙署建筑布局沿轴线展开，纵深加强。沿主轴线依次为照壁、大门、仪门、大堂、二堂及三堂。根据县志记载，其中有"公生明"牌坊一座。通过宁波慈城修复后的古县衙建筑群布局示意图（图1-4），可了解衙署的规制形式。六房是指吏、户、礼、兵、刑、工科房，是衙署的职能办事机构，通常有书吏在此办理公务，科房设置与中央衙署的六部对应。六房位于仪门以内，大堂之前。按照"左文右武"排列，东列吏、户、礼三房，西列兵、刑、工三房。各房分工明确：吏房掌管官吏任用、考核及调动；户房掌管粮食、民政、财政；礼房掌管礼仪、庆典、考试、祭祀诸事；兵房负责地

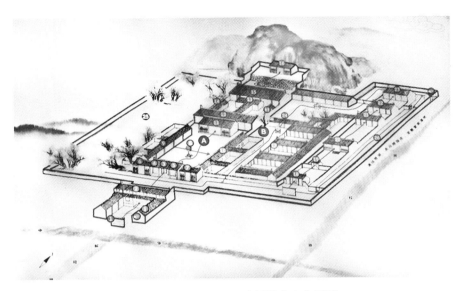

A 清官文化展区　　　B 中国清官文化展区

图 1-4　宁波慈城古镇（冯柯 2017 年拍摄，谭亦鹏 2024 年绘制）

方兵差诸事；刑房掌管刑法、狱讼等；工房掌管水利、起盖城池、衙门、仓库等事。

关于大堂、二堂、三堂的区别如下：大堂三开间，左右有库堂，是古代发布政令、举行重大典礼、公开审理案件的地方。二堂是初审案件、商议判决意见的地方，设有公案，也审理一些不宜公开审理的案件。三堂是衙署官员宴请宾朋、接待上级官员和办公起居之所。有些案件事关机密，也在此审理。三堂装饰较大堂、二堂华丽，有较浓厚的生活气息。

第二节　不同时代衙署的特征

中国古代县制起源于春秋，形成于战国，全面推行于秦始皇统一天下之时。关于县制的研究，著述颇丰，本书仅举两例：一是顾颉刚先生的《春秋时代的县》，指出春秋时期就有郡县制的存在；二是周振鹤先生的《县制起源三阶段说》，分析了三种不同含义的县，它们是春秋战国时期县制发展的三个不同阶段，即县鄙之县、县邑之县与郡县之县。

春秋以前，国家还没有形成，地方的组织机构是以血缘关系为基础而建立起来的。夏代就有"九州"的传说，源自战国时代的《尚书·禹贡》。九州是一种托古的假想之作，并非行政区域，更非夏代的地方行政制，实际上是一种自然区域，是根据自然地理地貌而划分的九个自然地理分区。商王朝所统治的邦、方国、侯国等实际上皆属部族，也不是按地域进行划分的。西周时期实行分封制，或曰"采邑制"。周天子将土地分封给诸侯，诸侯封地为"国"，"国"就是诸侯列国的都城；诸侯再将封地分给卿大夫，称"采邑"，大者为都，小者为邑；卿大夫再将土地分封给子孙和家臣，其身份为士，封地为"食田"，即"鄙"。这种按国、邑、鄙三级划分的地方管理制度仍然是以血缘关系进行统治，与后来的地方行政体制有本质的区别，因此，夏、商、周时期的县制是一种宗法制度，而不是严格意义上的行政区域（图1-5）。春秋战国时代，由于铁制工具的出现和牛耕技术的不断推广，生产力水平得以提高，土地价值大大提升，并出现了土地私有制。这个时期战争频繁，迫使列国加强对土地的控制和管理，促使郡县制诞生。

通过梳理相关研究成果，可知县出现较早，经过时间演变，从开始郡县无行政关系，到后来提高郡县的地位，最终演变成"郡辖县"的地方行政制度。

研究者通常认为县比郡出现得早，春秋时期秦、楚、晋等国最早设县。县先设于王城附近，后广及诸侯领地。郡首先出现于中原诸国之西

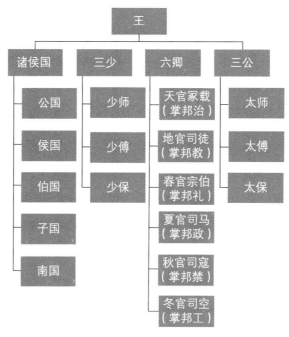

图 1-5　《周礼》中的职官简表（冯柯 2018 年绘制）

北部，且多设于诸国的边地。① 郡县初创时，大小无定制，县尤其如此。两者也没有隶属关系，县在王城附近，郡设在边远地区；县地近繁富，郡地远荒陋。战国中后期，随着生产力水平的提高，人民对土地的利用程度和范围不断加深和扩大，加强了对边地的开发利用，加上边地多为军事前线，具有重要的战略地位，郡在政治、经济和军事上的地位日重，而县的数目与日俱增，由中央直接管辖多有不便。于是，在县之上设郡，在边地郡之下设县，最后形成了郡辖县的隶属关系，从此确立了郡统县的二级地方行政制度。

自秦始皇建立郡、县两级政制之后，历经汉、唐至明、清，其间虽经历了三级制和四级制的变化，但秦朝设置的郡县二级制始终是各个朝代行政建制的基础。其中的郡制在宋代以前均为历代行政区划中的一

---

① 据姚鼐考证："郡之称盖始于秦、晋，以其所得戎翟地远，使守之，为戎翟民居长，故名曰郡。"

26

级，至宋代后才被弃用。至于县制，始终是历代行政区划中最低的一级
（图1-6）。直到今天，县仍在我国政权建设和经济发展中起着积极的
作用。

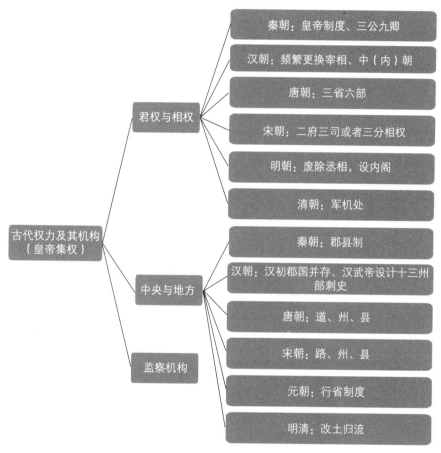

图1-6 古代各部历代变迁简图（冯柯2018年绘制）

一、秦、汉

秦灭六国，统一天下，在全国范围内推行郡、县二级地方行政制
度，为之后历朝历代建立地方行政制度提供了基础（图1-7）。西汉初

年郡（郡县制）国（分封制）并行，后武帝削藩，设十三部（州）刺史部以监察郡国。此后，逐步发展为州、郡、县三级地方行政层次。"州"字的本意为"水中可居者"，为古人择水边高地居住而形成的村落，后扩大为国邑的名称。《尚书·禹贡》中的"九州"是根据自然区域实行贡赋的制度，商、周、秦、汉代虽有州名，但未进行行政区划。汉武帝设十三部（州）刺史部为监察区划，这些州刺史（州牧）拥兵自重，东汉末年相继成为割据一方的势力。魏晋南北朝时期，中央为限制地方势力的膨胀，不断分州析郡，州的数目渐次增多。

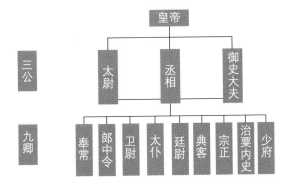

图 1-7　秦代的中央官制——三公九卿（冯柯 2018 年绘制）

汉代长安城的相府依照汉代衙署规制，门内设庭，过庭称为"堂"或"厅事"，内庭位于堂之前，别名"前院"或"前庭"。庭院东边有一列房屋，据《汉书·公孙弘卜式儿宽传》中所记载的"于是起客馆，开东阁以延贤人"，可以推测庭院东边的一排房屋很可能就是文献中提到的东阁、客馆。而经前庭直接进入正堂，乃为堂屋和露台。小屋位于后堂，妇人坐内，应为起居室，称为"内"或"寝"。堂院之北，有廊庑四间，其尽头处是门亭，北边有一排院落，有房一列于院后，其匾额题"库"字，实为仓库。陕西岐山凤雏村院落遗址（图 1-2）对后世建筑布局产生了巨大的影响。从建筑布局上说，在堂屋之前设置前院的布局影响到了后世不同建筑类型的建筑布局，比如宫殿、衙署、府宅，在大殿、大堂、堂屋之前都有院落。

二、隋、唐、宋

隋及唐初，地方实行郡县或州县两级制，分别按地理位置、辖区的重要程度和政务的繁简以及人口、财赋状况划分为上中下三级九等。在重要的地区和京都设府，边远重地设都护府，府相当于州郡，但地位高于州郡（图1-8）。唐贞观十年（636年），唐太宗依山河形势分天下为十道，派遣黜陟使或观风俗使。这十道实际上是十个监察区域，不是行政区划。开元二十一年（733年），唐玄宗改十道为十五道，置采访使、观察使以常驻，道遂成为州以上的一级行政区划。此后一直到宋都保持道、州、县三级行政区划。

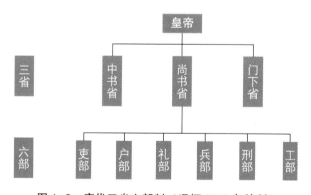

图1-8 唐代三省六部制（冯柯2018年绘制）

唐代将面积较小之城称为"子城"。"鼓角楼"是州府城的正门，设有鼓角、旌节，另设两个门洞，称"双门"。"谯门"或"谯楼"修建于衙署前的正门，上面设置钟鼓。唐代时，通常修建若干较小院落于中央衙署与地方衙署主庭院的外围，并分为几路布局。尚书令府邸的厅设于主庭院，称为"都堂"。主庭院两侧的建筑分为三路排列，隔于小巷，以四个小院串联各路，共计二十四院，尚书六房的公廨均设其中。

宋代的三级地方行政区划为路、府（州、军、监）及县（图 1-9）。宋初仍实行道制，至宋太宗淳化五年（994 年），路代替道成为最高地方行政区划。府首创于唐代，是皇帝即位前居住或任职的州以及京都、陪都所在地。军为冲要之地，监是有矿产之地，二者地位与州同。辽代与金代基本上承袭宋代的三级地方行政区划，只是最高一级的京、京道、路等的称谓略有差异。

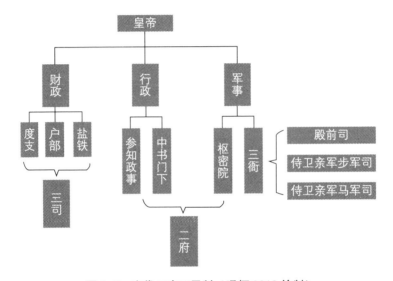

图 1-9　宋代二府三司制（冯柯 2018 绘制）

从方志记载看，宋代县衙署建筑群主要包括宣诏亭和颁春亭、戒石壁、厅事、仓库及牢狱等。其中，厅事一般选建在县城比较好的位置，而牢狱大多在不起眼的偏僻之地。宋代对县衙署建筑群的修建没有明确的法律规定，但布局大致相当。在一定程度上，南宋时期的县衙布局可反映北宋县衙的实际情况。①

宋代府县门前要修建两座亭子，名为"宣诏""颁春"，是接诏布政的地方。官邸设在衙署之后，衙署周围设有公廨、军营、仓库等。例

---

① 赵龙：《方志所见宋代县衙署建筑规制》，《中国地方志》2014 年第 4 期，第 53—59 页，第 64 页。

如，南宋绍兴三年（1133 年）重修平江府治。据赵龙的研究，平江府子城有西门、南门，衙署和官邸设在子城南门内的中轴线上。官邸北边设有散列轩亭、园圃、池塘等。唐宋时有"郡楼"，供官员宴会使用，分布在官署和风景优美之地。

根据方志中对宋代县衙署建筑群的描述，衙署位于县城中心之地，这说明衙署不仅处于权力的中心地位，更是封建社会威权的象征。县衙大门、鼓楼、宣诏亭、颁春亭、县衙署、内衙院，由南至北一字排开，处于县城中轴线上，这样的布局与中央权力中心基本一致，凸显出中央政权与地方政权的互通性。县城东面是县丞厅、主簿厅及米仓，西面是县尉厅，这样的职能分布极其符合地方政府的生存机制。①

三、元、明、清

元代的地方行政区划实行省、路、州（府）、县四级制。省作为地方行政制始于元，但"省"之称呼起源甚早，三国时魏曾设置淮南行台省，金有"行省""行尚书省"之名，但都不是一级地方行政区划。元代中期分全国为一个中书省和十一个行中书省（图 1-10）。中书省是最高行政机构，行使宰相职权；同时直接管辖河北、山西、山东。行中书省为地方行政区划中一级政区名称，简称"行省""省"。元代府、州的地位比宋时高，隶属于行省，地位与路等同，称直隶府、直隶州；隶属于路者称散府、散州。府之下领州、县，州下有署县。县有隶属于州者，也有直接隶属于府和路者，也有路、府、州皆辖之县。

---

① 赵龙：《从方志看宋代县衙署建筑群的布局》，《求索》2012 年第 8 期，第 120—122 页。

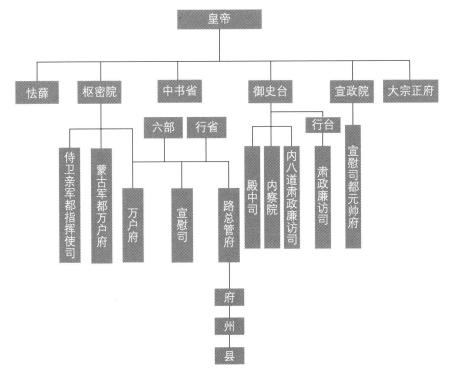

图 1-10　元代行省制（冯柯 2018 年绘制）

现存元代官署建筑①有三处，分别是元大德九年（1305 年）建造的霍州州署大堂及其院落、绛州州署大堂（建造年代不详）、临晋县衙大堂［创建于元大德年间（1279—1307），为元代遗构］。

高星的《元代衙署建筑形制研究》对山西现存的三座元代建筑进行了研究，通过测绘尤为细致地分析了霍州大堂和绛州大堂的建筑形制。

霍州大堂主体结构为元代遗存，堂前抱厦杂合有元代与明清时代的特征，可能后期修建时改动较大。霍州州署是现存三个元代官署中保存较多元代衙署建筑特征的一处。《霍州创建公宇记》记载："……正堂

---

① 一些学者认为元代遗存的衙署建筑在很大程度上保留了元代建筑信息的特征，但这些建筑上也有明清修缮改建的痕迹，与"确实的元代建筑"是存在差别的。

五楹，灵石治之；挟堂为舍各三楹，赵城治之；霍邑治其两庑，旧各十楹，今辍其五……"①

绛州大堂，元代遗构衙署正堂为面阔 5 间、进深 8 椽的单檐悬山带卷棚抱厦建筑。大堂坐北向南，建于台基之上。大堂面阔 7 间，前檐明间面阔 5.23 米，次间面阔 2.21 米，稍间面阔 5.94 米，尽间面阔 3.63 米。后檐明间面阔 4.87 米，次间面阔 4.31 米，稍间面阔 4.02 米，尽间面阔 3.63 米。通面阔 30.87 米。进深 8 椽，通进深 18.06 米。绛州大堂的开间尺寸没有体现出规律性，例如，唐宋时期衙署大堂的开间尺寸都保持一致或从明间到尽间逐间递减等。东西山墙厚 1.35 米，后檐墙厚 1 米，檐柱均位于墙中线。檐柱中线距山墙及后檐一侧台基末端 1.04 米，距前檐台基末端 1.9 米。大堂前檐开敞，后檐明间辟板门一道。绛州大堂正面原有卷棚抱厦三间，目前已毁，现存仅基址。

临晋县衙是元代临晋县官署，创建于元大德年间（1297—1307 年），明清及民国期间都有翻修，正堂梁脊板上现在还有 1934 年最后一次重修的题记。临晋县衙大堂为面阔 5 间，进深 6 椽，当心间②尺度明显大于次稍间，突出建筑入口。大堂共用 14 根柱，运用减柱造，使堂内空间满足使用要求。梁架彻上露明造，形式为六椽栿直通，前后檐共用四柱。③

明朝实行省（布政史司）、府（州）、县三级制，划全国为两直隶（顺天府及应天府），废元代路制改府制。与府同级的州称直隶州，直属省，下辖县；上属府下辖县之州为散州。清朝沿袭明朝三级地方行政制度，但改十三布政史司为省，数量也有所增加。省以下的行政区，基本因袭明制，分府、州、县三级，州也分直隶州与散州，只是散州下不

---

① 州署正堂后檐内墙元大德九年（1305 年）碑碣，清人王士禛撰《霍州创建公宇记》，转引自高星《元代衙署建筑形制研究》，西安建筑科技大学硕士学位论文，2014，第 33 页。

② 当心间：专业用词，即建筑立面开间中心的那间，也叫明间。

③ 高星：《元代衙署建筑形制研究》，西安建筑科技大学硕士学位论文，2014，第 42 页。

设县。清代的地方行政体制较明代多了一个"厅"，厅初设于边地省，后广及内地，有直隶厅与散厅之分。直隶厅隶属于省，同府等，下辖县。散厅属府，同县。因此，清代地方行政制度为省、府（直隶州、厅）、县（散州、厅）三级制（图1-11）。

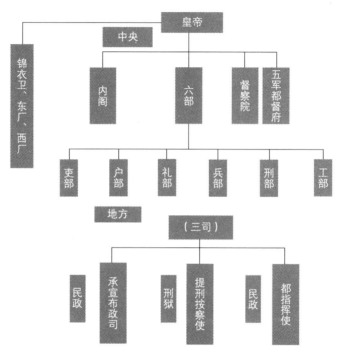

图1-11　明代中央集权——废丞相（冯柯 2018 年绘制）

明朝不再修建子城。明洪武二年（1369 年），中央规定，地方衙署均集中修建于一处，官员于同一个衙署办公，同一个门进出，以便相互监督。始建于明代的官署遗址多居于城北，面朝街市。明正统七年（1442 年），在皇城千步廊两侧修建各部院衙署，布局大致相同，均设五间大堂，呈工字形，两侧修造院落数座，如吏部官署。衙署总体布局呈长方形，分成前后两部分。前部分为三间外门，门内分为三路。主庭院置于中路，以工字形正堂为中心，前置仪门三间，左右各置十六间东西庑，正堂两侧各置二小堂。左右两路各有院落六座，互隔于中路巷道，为办公场所，官员各司其职。后部则为仓库。明代之后，地方官署通常修建土地祠。

根据《大明一统志》①的记载，明代京师设置的文职公署有宗人府、吏部、户部、礼部、兵部、刑部、工部、都察院、翰林院、国子监、太常寺、通政使司、大理寺、詹事府、光禄寺、太仆寺、鸿胪寺、钦天监、太医院、行人司、上林苑监、五城兵马司；武职公署有中军都督府、左军都督府、右军都督府、前军都督府、后军都督府、锦衣卫、旗手卫、府军卫、府君左卫、府军右卫、府军前卫、府军后卫、羽林左卫、羽林右卫、羽林前卫、金吾左卫、金吾右卫、金吾前卫、金吾后卫、虎贲左卫、燕山左卫、燕山右卫、燕山前卫、大兴左卫、济阳卫、济州卫、武骧左卫、武骧右卫、腾骧左卫、腾骧右卫、彭城卫、永清左卫、永清右卫、武功左卫、武功右卫、武功中卫、长陵卫、献陵卫、景陵卫。

清代北京城宫城为皇城的中心，官署分列于宫城南部的东、西两侧，逐渐形成宫殿与官衙自成体系但又互相呼应的格局。清代职官简图如图 1-12 所示。

北京城所设置的官署分布是地方官署参照的"模板"。仿照京城的六部官署，地方的府衙、州衙及至县衙建筑则设置了"六房"，在建筑位置关系上也呈现东西相对的布局形式，各级官员在与自己职级相符的场所内处理相关事务。

为协调民族关系，清代统治者大力采纳吸收汉族文化，而清代的衙署建筑也大体沿袭明朝。官方颁布的典章对于不同等级的官员、衙署建筑等级也有详尽的规定。清代统治者为了维护其统治地位，对于地方行政机关的建筑规模及形制以国家法律的形式做出规定。因此，通过清代

---

① ［明］李贤等撰：《大明一统志天顺五年（1461）》第一卷，巴蜀书社，2018，第1—3页。

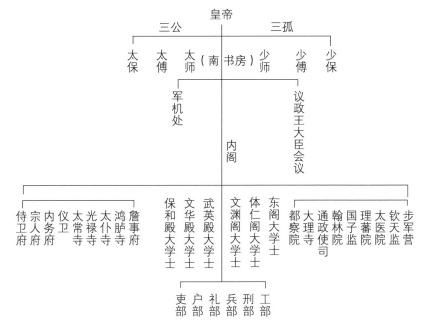

图 1-12　清代职官简图（冯柯 2018 年绘制）

各地方志所绘衙署图和对现存地方衙署建筑的研究，可以看到这些建筑规模及形制都有明显的相似之处。

从清代直隶总督署简图（图 1-13）中可以看出，六房位于大堂前南道两侧，在吏、户、礼三房南有架阁库，在兵、刑、工三房南有承发房，负责收贮档案，收发文件，办理各种公文信札。在西副线上有狱房，还有典史衙，负责文移出纳。巡抚从二品官，加侍郎衔者为正二品，"掌宣布德意，抚安齐民，修明政刑，兴革利弊，考核群吏，会总督以诏废置"。①

---

① 张笑轩：《明清直隶地区省府衙署建筑布局与形制研究》，北京建筑大学硕士学位论文，2017，第 38 页。

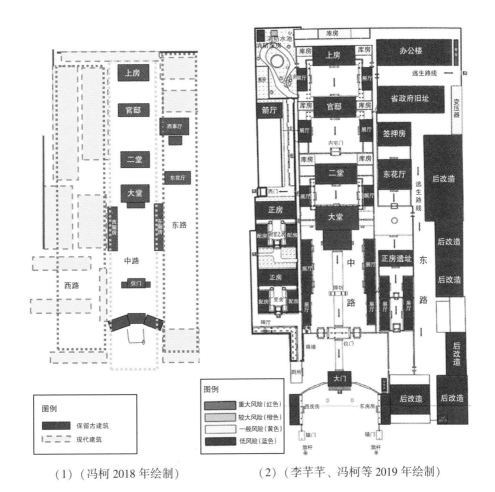

（1）（冯柯 2018 年绘制）　　（2）（李芊芊、冯柯等 2019 年绘制）

图 1-13　直隶总督署简图

　　直隶巡抚自雍正八年（1730 年）移驻保定府，至清朝灭亡（1911 年），近 250 年间保定一直作为直隶省的政治中心。保定直隶总督署是中国唯一一所保存完整的清代省级衙署。

　　直隶总督署，又称直隶总督部院，是中国现有的保存完整的一所清代省级衙署①。原建筑始建于元，明初为保定府衙，明永乐年间改作大宁都司署，清初又改作参将署。清雍正八年（1730 年）经过大规模的

―――――――――――

① 1988 年 1 月被国务院公布为第三批全国重点文物保护单位。

扩建后正式用作总督署，历经雍正、乾隆、嘉庆、道光、咸丰、同治、光绪、宣统等八帝，可谓是清代历史的缩影。曾驻此署的直隶总督共59人、66任，如曾国藩、李鸿章、袁世凯、方观承等，直到1909年清朝末代皇帝逊位，直隶总督署才被废止。

顺治元年（1644年）直隶地区分别设置顺天巡抚、保定巡抚、宣府巡抚、宣大总督、山西总督。巡抚、总督之间无明确的隶属关系。之后，清政府又将北京地区所在的北直隶改为直隶省，下辖北京、天津两市，河北省大部分地区和河南省、山东省的小部分地区。顺治五年（1648年），设直隶、山东、河南三省总督，驻大名（今河北省大名县），称为直隶大名府。顺治十八年（1661年），清廷诏谕："直隶各省各设总督一员，驻扎省城。"① 据此，直隶、山东、山西、河南、陕西、福建、浙江、江西、四川、广东、广西、云南、贵州等15个省都先后设置了总督，直隶从此有了单独一省的总督，时任总督为苗澄（生卒不详，河北任县人），驻扎大名府，因此成为"第一任直隶总督"。根据直隶总督署博物馆提供的20世纪50年代的直隶总督署简图（图1-13）可以看到，直隶总督府分为三部分，即东、中、西三路，其中西路建筑多已毁损。20世纪90年代，当地政府和文保部门对建筑群进行了复原②复建。西路复原后，直隶总督署有望基本恢复清代总督署原貌。

清代时，直隶总督署大门外建有辕门、照壁、旗杆、乐亭、鼓亭、一对石狮、东西班房，以及西辕门外专供每日报时、派发奏折之用的炮台等附属建筑。这些建筑如今虽大多不存，但其所组成的半封闭格局，仍留有当年的威严气势。中路建筑坐落在督署的中轴线上，主要建筑自

---

① 张笑轩：《明清直隶地区省府衙署建筑布局与形制研究》，北京建筑大学硕士学位论文，2017，第38页。

② 复原：专业用词，恢复原貌的意思。多指将已经没有了的建筑按照历史资料重新修建。

南而北依次有大门、仪门、戒石坊、大堂、二堂、内宅门、官邸、上房、后库以及仪门以北各堂院的厢房、耳房、回廊等附属建筑。[①]

第三节　衙署建筑与城市空间的关系

衙署建筑的选址对城市格局具有重要影响。为了遵循儒家礼制"居中不偏""不重不威"的原则，府署和县署都要占据城市中心的位置，彰显政府行政机构在城市中的尊崇地位。[②]

一、建筑选址

衙署的选址是地方城市建设中最为重要的事情。在以儒家思想和文化为主体的中国封建社会，儒家提倡的礼乐秩序、伦理关系都深深地影响着城市的布局。"居中不偏""不重不威"等观念成为衙署布局的主要思想和依据。清嘉庆《重修扬州府志》卷十八记载："扬州府治署旧在开明桥西、骆驼岭前。明洪武三年（1370 年），知府周原福移建通泗桥西北。"[③]

清乾隆《江都县志》卷七记载："江都县署在旧城内儒林坊。宝祐志云，旧在州城庆年坊，建炎后徙桂枝坊，元徙北关外。明洪武七年（1374 年）徙治于此。"[④]

中国古代衙署可分为中央衙署和地方衙署两大类。由于地方衙署的

---

① 张笑轩：《明清直隶地区省府衙署建筑布局与形制研究》，北京建筑大学硕士学位论文，2017，第 43—45 页。

② 杨建华：《明清扬州衙署建筑》，《华中建筑》2015 年第 33 卷第 12 期，第 177—180 页。

③ 同上，第 178 页。

④ 同上。

布局明显受中央衙署及其在都城中位置布局的影响，所以本研究有必要在此将中央衙署分布的演化加以阐述。（图 1-14）

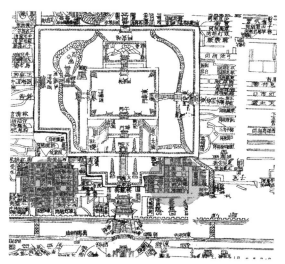

（1）六部在京城的位置图

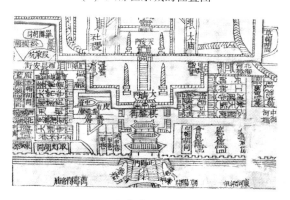

（2）六部位置放大图

图 1-14　清代同治时期六部位置图（冯柯 2021 年绘制）

资料来源：清·同治九年（1870 年）《京师城内首善全图》

中央衙署设在都城之内的宫殿附近。在不同的历史时期，随着都城布局的变化，中央衙署在都城中的分布情况也在不断改变，总的趋势是从无序到有序，从分散到集中。

西汉时期，长安城内的宫城是逐步修建的，所以宫城的分布没有明显的规律。长安城内的中央官署则散布于城内长乐、未央等宫城之间。如《三辅黄图》记载："京兆在故城南尚冠里，冯栩在故城内太上皇庙西南，扶风在夕阴街北。"① 可见，汉代的三辅治所都在长安城内，但官署的分布没有什么规律。

东汉时期，洛阳城内的宫城由南宫和北宫组成，呈纵列分布，都城的布局中开始出现南北向的中轴线。据《后汉书·百官志一》（刘昭引注）记载，三公，即太尉、司徒、司空，官署设在中轴线的东侧。东汉末年，曹魏邺城（今河北省临漳县西南邺镇以东）开始把中央官署集中建造于宫城南大街的东西两侧，司马门外。曹魏邺城的这种做法为北魏所效法，北魏洛阳城的布局整齐而有条理。据《洛阳伽蓝记》记载，建春门内大街南侧设有钩盾署、典农署、籍田署。东阳门内大街北侧有太仓署、导官署。北魏洛阳城内东部的这些官署主要是管理农业的。洛阳城西阳门内大街北侧有太仆寺、乘黄署、武库署，这些官署是主管车马、兵器的。北魏洛阳城对中央衙署的布局做了系统的安排和调整，把主要的中央衙署集中建在宫城以南，中轴线（铜驼街）的两侧。隋唐时期，中央衙署按统一规划集中建在宫城前的皇城内。隋代大兴城在宫城前建皇城，城内南北七街，东西五街，分列衙署，均南北向。

北宋汴梁城在宫前大道两侧的横街上布置衙署，亦为南北向，之后又在宫前两侧建尚书省、中书省和枢密院。

衙署建筑物是政权的象征，体现官府的威严。"公宇观瞻，所以政令出焉。"② 县官与上司、属僚及民众间大多在以县衙署为中心的空间进行交流和沟通，这种交流、沟通与县衙署内外的建筑布局密切相关。

在方志中，宋代县衙署建筑群的地理位置以及衙署建筑的布局，多

---

① 何清谷：《三辅黄图校释》，中华书局，2005，第8、10页。
② ［宋］项公泽、凌万顷、边实：《淳祐玉峰志卷中：公宇》，转引自中华书局编辑部《宋元方志丛刊》，中华书局，1990，第1065页。

是以图的形式呈现。宋代对县衙署建筑群的坐落、结构、装修等方面的
要求未见法律明文规定，但从传世方志所记来看，衙署建筑的基本布局
大致相当。"郡县制确立以后，地方政治体制与地方城市密切结合，由
于政治统治的需要，要修建各级地方官吏守土治民的府舍。以这些官吏
府舍为中心修建的城市，在城市形制和布局上必然是以官府为中心。"①
毫无疑问，县衙署是宋代县城布局中最为重要的部分。赵龙在《方志
所见宋代县衙署建筑规制》中说："若县为府、州之倚郭，则县衙署分
布在州城内。因县居州之下，'秩小位卑'，其衙署不能占据城中最佳
位置，而是要让位于府州衙署。"②

　　宋代衙署选址非常注重"风水"，"以形法为主，讲究龙、砂、水、
穴，考山脉与水势的配合，结合土质的优劣，强调生气聚合"③。罗大经
云："余行天下，凡通都会府，山水固皆翕聚。至于百家之邑，十室之
市，亦必倚山带溪，气象回合。"④ 县衙署一般选建在县城内比较好的位
置，如昆山县治，"以迁就马鞍山风水，僻在西北"⑤。马鞍山在昆山县西
北三里，"山上、下皆择胜为僧舍，云窗雾阁间见，层出不可，形容绘
画。吴人谓'真山似假山'，最得其实"⑥。再如，台州临海县尉厅，位于
台州治东北四里，旧在下洋。宣和年间，毁于兵乱，重建时，"地据形
胜，其前秀峦环峙，旷野平铺；后有峰屹然龙困水泻出其右。阴阳家以
为善，吏隐者多通显云"⑦。前有屏障，背有依托，藏风聚气、山水交汇、
阴阳相济、动静相乘，不失为风水宝地，此地为县衙署理想之地。

① 徐苹芳：《马王堆三号汉墓出土的帛画"城邑图"及其有关问题》，转引自李学勤《简帛研
　　究》第1辑，法律出版社，1993，第108—112页。
② 赵龙：《方志所见宋代县衙署建筑规制》，《中国地方志》2014年第4期，第53—59页。
③ 周蓓：《宋代风水研究》，上海师范大学硕士学位论文，2003，第9页。
④ 同上。
⑤ ［宋］范成大：《吴郡志卷·县记：嘉定县》，转引自薛正兴：《江苏地方文献丛书》，江苏古籍
　　出版社，1999。
⑥ ［宋］项公泽、凌万顷、边实：《淳祐玉峰志·卷上：山》，中华书局，1990，第1055页。
⑦ 赵龙：《方志所见宋代县衙署建筑规制》，《中国地方志》2014年第4期，第53—59页。

明朝初期修建南京城时，中央衙署大都建在宫前大道两侧东西相对。明正统七年（1442 年）修建北京城时，因袭南京旧制，中央衙署建在大明门内千步廊东西两侧，均东西向。自此，中央衙署在都城中有了明确的位置和完整的规划。之后清代沿用了明代的建制。

冯友兰在《三松堂自序》里说得很清楚："'大明门'或'大清门'这些称号的意义，就等于县衙门大门竖匾上写的某某县的意义。'大明门'或'大清门'表示这个衙门内的主人就是明朝或清朝的最高统治者。在天安门和大清门中间那段前卫墙的外边，东西各有三座大衙门，东边三座就是吏、户、礼三部，西边三座就是兵、刑、工三部（已拆除）。这相当于县衙门大堂前边的东西两侧那两排房子（吏、户、礼、兵、刑、工六房）。从天安门进去，经过端门、午门到太和殿，太和殿就是'大堂'，中和殿是'二堂'，保和殿是'三堂'。保和殿后边是乾清门。乾清门以外是外朝，以内是内廷，从乾清门进去就是皇帝的私宅乾清宫，乾清宫就是'上房'。就格局和体制来说，皇宫和县衙门是一致的。"①

作为地区性政治、经济、文化中心的府（州）城、县城，无论内地或边区，都须有必要的机构和相应的设施。明清时期的地方城市大致包含府治、县治等行政机构；儒学、阴阳学与医学等文化机构及恤政机构；山川坛、社稷坛、天坛等礼制及祭祀场所；都司、卫、所等军事机构以及商市与居民区等。上述各项内容，各地府、县因地制宜，略有出入。但无论内地还是边陲，也不分上县或下县，行政机构、文化机构和祀典设施都大体具备，否则难以形成一级政权的实体。虽然有些新设县的人员配备或有不齐，但其机构框架仍力求完整。

明清时期府、县城的布局形制，最常见的有方城、圆城、双城、联城和不规则城等几种。《钦定大清会典·工部》记述："凡建制曰省曰

---

① 冯友兰：《三松堂自序》，人民出版社，2008，第 3—6 页。

厅曰州曰县，皆卫以城。"并规定"城治方圆随其地势，城墙中筑坚土而为土中，外镶砌以砖，上为雉堞，城门外圈以月城。惟僻壤之厅州县城直土坚处所，间或筑土为城，又倚山之城，又有削壁令陡以作城者"。阴阳五行的学说，使中国古代城市规划中的坐北朝南、四维八方等观念扎根甚深，方整的平面、东西南北四向而开的城门和十字相交的道路成为城市的理想模式，即使在客观条件不许可时，往往也要极力向这种模式靠拢。由于这种模式的道路网络清晰，方位明确，因此便于规划建筑用地，而且城市面貌整齐，有利于施工。在全国千余府、县城中，这种平面规划（以及与之相近的平面）占有很大的分量。圆城也是古代建城者所追求的一种平面图形。实际上，所谓的"方城"和"圆城"，并非几何学上的方与圆，而是由直线组成的较规整的平面称为"方城"，由弧线组成的近似圆、长圆或卵形称为"圆城"。一些地方志习惯于把近似平面的城都归结为圆城或方城，如正德《大名府志》就对它的属县做了这样的分类。明清时期，府、县城虽受统一规定的制约，在基本构成要素的布置上有很大的一致性，但由于各地人口数量、经济结构、技术手段、交通状况、气候条件、地形地貌、文化传统等因素的差异，城市面貌也呈现多样变化，各有特色。

纵观历代城市布局，衙署大多位居城市中央，如明清时西安之秦王府、南阳府衙、内乡县衙等。但也有为数不多的城市，因地形特点而采用其他的布局方式，如绛州，自隋开皇三年（583 年）至明清，衙署的选址在西北高崖之上，可俯瞰全城，达到显示地位、统治百姓的目的，这种因地势特征进行布局的方式类似隋唐时长安城的布局。

王贵祥先生提出的城市与街道的关系分为三种不同的形式，这三种街道形式在不同县志绘制的城图中可以窥见一斑。在此基础上，研究者张艳恒分析了河南省不同城市中道路与城的关系：其一，为十字对称大街形，即城池东西、南北城门相对而开，东西、南北呈大街十字形交叉，且大街十字形交叉中心与城池中心重合；其二，为十字形大街的变异，城池东西、南北城门同样相对而开，东西、南北呈大街十字形交叉，但大街十字形交叉中心与城池中心错开；其三，为丁字形大街，其东西城门相对而开，南北城门不相对、道路不通直，在城市中部形成两条明显的"丁字"大街。可见，衙署的位置并非一成不变，而是带有一定的差别。[①]

　　通过梳理秦皇岛地区的县志发现，道路、街市的形态可以分为"自由式"和"规则式"（图1-15）。自由式的街市一般是房屋建成后形成的通行空间，这些空间在生活中逐渐有了交易或交流的功能，成为"草市"，有的慢慢形成了相对固定的时间段的交易，而成为"集"。规则式的街市往往是县城建设过程"规划"的主要阶段，形态上多以"十字""T字"等形居多，如秦皇岛海阳镇呈现的十字形街道、清代临榆县城内的十字大街。

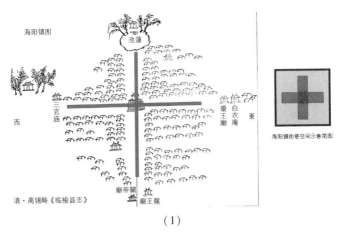

（1）

---

① 张艳恒：《河南明清衙署园林研究》，河南农业大学硕士学位论文，2018，第22页。

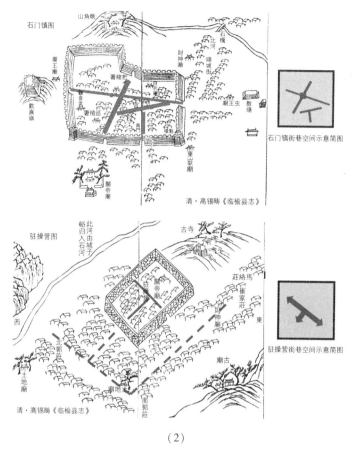

（2）

图 1-15　城池中的街巷形式（冯柯 2012 年绘制）

　　从史籍摹绘的古地图中可以发现，街市的形态有自发无序依据建筑走向而形成的街道，有在规划布局影响下的十字形交叉街道，这些街道的名字也不尽相同，有的称为"街"，有的写作"胡同"。

　　这些古籍上绘制的古代地图，是地区街市曾经存在的客观佐证，只是文字的记载和图形的绘制中缺失了人们曾经生活的记述。街市的作用、街市的繁荣和沉寂体现在人们的讲述和传承中。

　　城市中的衙署，其职能是城市的行政机构，其所在位置与城市布局相关。清代时秦皇岛地区不同级别的衙署在城中的位置不尽相同（图 1-16）。

永平府府衙（康熙年间），居于城中略偏西的位置，东侧有主路。永平府城内设有鼓楼，但据县志所绘未见明显的十字大街，与他处不同。抚宁县县衙（光绪年间）的位置居于城中西南，城中心设立鼓楼，有十字街。临榆县衙署在城南偏西的位置，靠近南大街，县城中有鼓楼一座，有十字街。

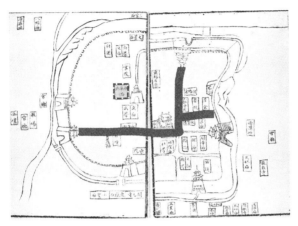

衙署与城的位置关系

（1）永平府衙选址示意图

资料来源：清·康熙《增补卢龙县（直隶）志》六卷首一卷

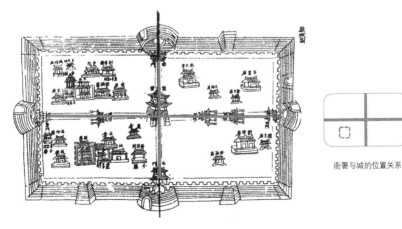

衙署与城的位置关系

（2）抚宁县治选址示意图

资料来源：清·光绪《抚宁县志》六卷首一卷

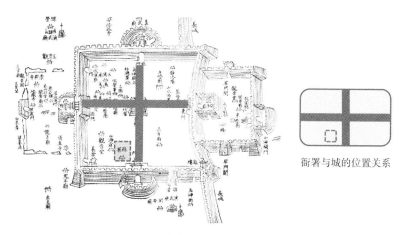

衙署与城的位置关系

（3）临榆县治选址示意图

资料来源：清·光绪《临榆县志》

图 1-16　清代秦皇岛地区衙署选址比较（冯柯 2012 年绘制）

同一地域不同时期衙署的选址也会产生变化。明代的山海卫和清代的临榆县城，几乎在同一地理范围内，但因时代不同，衙署的位置也存在变化。关于明清时期山海关衙署的选址布局等内容的比较，放在后文详叙，这里仅对两个时期不同的城图进行比较。（图 1-17）

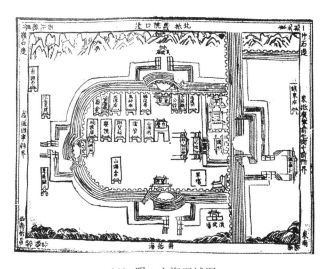

（1）明·山海卫城图

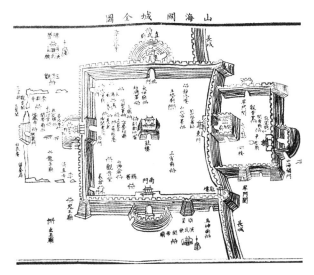

（2）清·山海关城全图

图1-17　明清不同时期山海关衙署选址比较（卢可歆、冯柯2019年绘制）

二、建筑布局

为显示等级差别，清代各级官员的衙署在建筑布局、结构、油漆彩绘上都有严格的规定，不得僭越。《钦定大清会典·工部》规定："各省文武官皆设衙署，其制，治事之所为大堂、二堂；外为大门、仪门，大门之外为辕门（仅武官有之——笔者注）；宴息之所为内室，为群室；吏攒办事之所为科房。官大者规制具备，官小者依次而减。"[1] 古代各级地方衙署尽管受占地面积、地理形势、财力大小、地方民俗及主持建设者的个人意志等因素制约，但中轴线上的布局都是一样的，中轴线之外则比较灵活。地方衙署的建筑布局一般受到两方面的制约：一是堪舆学说的制约，具体建筑物随八卦方位占位，不可随意变更违反禁

---

① 《钦定大清会典·工部》卷七十二，第10页。

忌；二是皇家建筑布局、规制的制约，主体建筑物均布置在中轴线上，且不可追求奢华。

省、府、州衙，与县衙的格局和体制是一致的，只是规模大小、部分房屋名称不同而已。衙署的建筑规制大致可以概括为：

第一，坐北朝南、居中对称。主体建筑均集结在一条南北中轴线上，自南向北依次为照壁、大门、仪门、戒石坊、坊左右为六房。主体建筑有大堂、二堂、三堂并配以相应的厢房，是长官及所属人员办公之所在。其佐贰官、属官均不得居于中轴线上，只能居于东西副线上。

第二，左尊右卑。六房的位置均在大堂前，按"左文右武"布局，左右各三房，东列吏、户、礼，西列兵、刑、工，然后再分先后，吏（文）、兵（武）二房为前行，户、刑二房为中行，礼、工二房为后行。如有增设也不打乱这个次序，表明儒家重文轻武、重道轻器的观念。

第三，前堂后室（或称前衙后邸）。各地方衙署均以大堂、二堂为主管官员行使权力的治事之所（所谓前衙或前堂），二堂之后则为内宅，是主管官员办公起居及家人居住之处。

以慈城县衙为例（图1-18），县衙的主要建筑沿主轴线可见"公生明"碑刻、大堂、二堂宅后园等。大堂两侧厢庑或为六房分属或有其他事务辅助用房。

古代地方衙署都是官府与私第相结合的模式，其主管官员办公起居都居于中轴线。以县衙为例，大堂、二堂是县官办公之所在，而二堂之后则是其私宅，有些私宅带有花园或者花厅。但私宅的位置并不固定，视衙署选址而定。有些私宅在衙署建筑群轴线最后，有的设在轴线之旁侧，比如临榆县衙。有些县衙在三堂之后又有上房，上房也是县官的私宅。上房是封闭性的，其前有门户，称内宅门，由县令仆从守门，不是县官亲戚、密友不得随意进入。县官的妻子、儿女、仆妇居于上房或上房的院落中，上房后一般有一个小花园，供县官公余休赏。小花园和上房为方便出入，都有后门。县衙署的围墙中还有粮仓（常平仓），县令足不出围墙，就可对刑、钱两事有所了解。县衙署内的其他官员，如县丞、主簿、典史也都设专署办公，自成院落，不过只能居于中轴线以外。县官的属官典史办事之所称捕厅署或巡捕衙，这些机构紧靠县官办公起居之地，可以增加县官的安全感。

图 1-18　宁波慈城古镇县衙复建建筑（冯柯 2017 年拍摄）

三、空间关系

从城市的角度来看，秦汉以降，各朝大体都以府、县两级作为最基本的地方政权机构。府治、县治所在的城镇，首先是该地区的政治中心、军事中心，又往往是其经济、文化中心。这是我国古代长期中央集权统治下形成的城市体制特色。地方衙署受到都城的规划及古代风水思想的影响，一般都建在治所所在城市的中部（正穴位）。在宋代以前，比较大的州府多建有子城，衙署多建在子城以内。明代重建时，一般不再建子城。洪武二年（1369 年）定制，地方衙署集中建在一处，同署办公，以便互相监督。清代衙署沿袭明制，包括行政机关、军事机构、仓库等，为地方行政、军事、经济中心。从衙署建筑的情况来说，汉以前的衙署因缺少文献而并不十分清楚具体情况。唐宋以后衙署形制大体可考。唐代以后中央和地方衙署多在主庭院外围建若干小院落，分几路布置。唐长安尚书省中路主庭院内建尚书令厅，称"都堂"。主庭院两侧建筑并列三路。[1]

第四节　衙署建筑的历史文化内涵

建筑等级制度在中国历朝历代一直被修订和增补，而且这些修订和增补还被较为详尽地著录在正史之中，反映了历朝历代统治者对建筑等级制度的高度重视。从具体的制度内容来看，明清时期的建筑等级制度要比唐宋时严苛。唐宋时期官员可以使用的歇山顶，明清时则被禁止使用，"官员营造房屋，不准歇山转角"。宋代官员都可以使用的重栱藻井，在明清时期也不允许使用。明清时期的建筑等级制度突出了皇族与一般官员的区别，并在等级分层上更加烦琐，例如对门的形制的规定。唐宋时期的建筑制度并未详叙的大门式样，在明代的建筑制度中却从公侯的金漆兽面锡环到六至九品官的黑门铁环，共设了四个等级。清代的建筑等级制度是在明代的基础上发展而来的，但比明代更繁杂，更加注重群体空间效果和单体建筑各部分的比例关系。建筑等级制度对中国古

---

[1]　牛淑杰：《明清时期衙署建筑制度研究》，西安建筑科技大学硕士学位论文，2003，第 6 页。

代建筑的发展有很大影响。各级城市、衙署、寺庙、宅第建筑和建筑群组的层次分明、完美谐调，城市布局的合理分区，秩序井然，形成中国古代建筑的独特风格，建筑等级制度在其间起了很大作用。但另一方面，建筑等级制度也束缚了建筑的发展，成为新材料、新技术、新形式发展和推广的障碍。建筑上发明的新的形制、技术、材料等，一旦为帝王宫室所采用，即著为禁令。在国家的基本制度中对形式的细节做出这样的具体规定，也在很大程度上扼杀了工匠们的创造和灵活处理的积极性，从而使建筑走入因循守成之途，造成了建筑总体发展的停滞和建筑造型的僵化。

一、等级制度

在中国古代，为了保证统治阶级所企望的理想社会秩序，以使其统治长治久安，统治者制定出一套典章制度或律令条款，按照人们在社会政治生活中的地位差别，来确定人们可以使用的建筑形制和建筑规模，这些典章制度或律令条款就是我们所说的建筑等级制度。这种制度最早出现在周代，直至清末已经延续了两千余年，是中国古代社会重要的典章制度之一。

建筑作为礼制制度的重要组成部分，到了周代已有了较为严密的规定。周代王侯都城的大小、高度都有等级差别，堂的高度和面积、门的重数、宗庙的室数都按等级从高往低逐级递降。比如，只有天子、诸侯宫室的外门可建成城门状，天子宫室门外建一对阙，诸侯宫室门内可建一单阙。天子宫室的影壁建在门外，诸侯宫室的影壁建在门内，而大夫、士只能用帘帷，不能建影壁。天子的宫室、宗庙可建重檐庑殿顶，柱用红色，斗拱、瓜柱上加彩画，而诸侯、大夫、士只能建双坡屋顶，柱分别涂黑、青、黄色。椽子加工精度也有等级差别。

从周代建筑等级制度的具体内容来看，主要有三个方面的规定：一是从建筑类型上加以限制。有些建筑只有天子才能拥有，如明堂、辟雍等；有的建筑只有天子和诸侯可以拥有，如泮宫、台门、台等。二是从营造物的尺寸和建筑的数量上加以限制。三是从建筑形式、色彩和施用的方式上加以限制。礼制形态的建筑等级制度贯穿整个封建社会，为后来历朝历代统治者制定建筑等级制度的基础（表 1-2）。

表 1-2　历史典籍中关于建筑等级制度的记载举例

制度方面	内容举例	文　献
建筑类型	天子命之教，然后为学。小学在公宫南之左，大学在郊。天子曰辟雍，诸侯曰泮宫。	《礼记·王制》
建筑数量	天子之堂九尺，诸侯七尺，大夫五尺，士三尺。天子七庙，三昭三穆，与太祖之庙而七。诸侯五庙，二昭二穆，与太祖之庙而五。大夫三庙，一昭一穆，与太祖之庙而三。士一庙。庶人祭于寝。	《礼记·礼器》《礼记·王制》
建筑形制	王宫门阿之制五雉，宫隅之制七雉，城隅之制九雉。门阿之制，以为都城之制。宫隅之制，以为诸侯之城制。	《周礼·冬官考工记·磬氏/车人》
营造尺寸	公之城盖方九里，宫方九百步；侯伯之城盖方七里，宫方七百步；子男之城盖方五里，宫方五百步。	《周礼注疏》卷二十一
建筑形式	大夫有石材，庶人有石承。天子外屏，诸侯内屏，大夫以帘，士以帷。	《尚书·大传》《仪礼注疏·卷二十七·觐礼第十》
建筑色彩	楹，天子丹，诸侯黝，大夫苍，士黄。	《春秋穀梁传注疏》

自秦汉以降，府、县衙署作为当地最高政权机关，历朝历代都对其建筑的规制等级有严格的规定。

唐代的建筑等级制度以较完整的形态保留在史籍当中，这在一定程度上表明了统治阶级对建筑等级制度的重视。《营缮令》中关于屋舍营造的规定如下："王公以下屋舍，不得施重、栱藻井。三品以上堂舍，不得过五间九架，厅厦两头门屋，不得过五间五架。五品以上堂舍，不得过五间七架，厅厦两头门屋，不得过三间两架，仍通作乌头大门。勋官各依本品。六品、七品以下堂舍，不得过三间五架，门屋不得过一间两架。非常参官不得造轴心舍及施悬鱼、对凤、瓦兽、通栿、乳梁装饰。……士庶公私第宅皆不得造楼阁临视人家。……又，庶人所造堂舍，不得过三间四架，门屋一间两架，仍不得辄施装饰。"①

宋代的建筑等级制度基本沿袭唐代制度，但也有一些变化。从总体上看，宋代的具体细则比唐初更加宽松，如从"六品以上宅舍，许作乌头门……凡民庶家，不得施重栱、藻井及五色文采为饰，仍不得四铺飞檐"②的规定可知，唐初时王公贵族才能用的重栱、藻井，宋代只禁止民庶之家使用；而民庶之家如果使用单栱，并不在禁限之列；唐初五品官以上才能用的乌头门，宋代则成了六品官以上都可以用。其实，在一定时期，即使是民庶之家，如果建筑所在位置特殊，四铺作斗栱和斗八藻井也可以使用，这从后来的宋代建筑等级制度规定的士庶之家"又屋宇非邸店、楼阁临街市之处，毋得为四铺作闹斗八"③，可以看出。

元代立朝时间相对较短，典章制度较为粗疏，但建筑等级制度并未取消。《元史》上就有"诸小民房屋，安置鹅项衔脊，有鳞爪瓦兽者，

---

① 牛淑杰：《明清时期衙署建筑制度研究——以豫西南现存衙署建筑为例》，西安建筑科技大学硕士学位论文，2003，第13页。
② 参阅《宋史·志（卷一○七）·舆服六》。此外还有"凡公宇，栋施瓦兽，门设梐枑。诸州正牙门及城门，并施鸱尾，不得施拒鹊。六品以上宅舍，许作乌头门。父祖舍宅有者，子孙许仍之。凡民庶家，不得施重栱、藻井及五色文采为饰，仍不得四铺飞檐。庶人舍屋，许五架，门一间两厦而已。"这样的规定。
③ 参阅《宋史·志（卷一○六）·舆服五》。宋仁宗景祐三年（1036年）朝廷下诏。

答三十七，陶人二十七"① 的规定，且专门对各级衙府的规模和形制加以限制。《大元圣政国朝典章·工部·公廨》记述："随处廊宇：尚书右三部呈奉到都堂钦旨送本部拟定，随路、府、州、司、县合设廊宇间座数目。总府廨宇：（一有廖宇，不须起盖，有损坏处计料修补）正厅一座，五间，七檩，六椽；司房东西各五间，五檩，六椽；门楼一座，三檩，两椽。州廨宇：正厅一座，五檩，四椽（并两耳房各一间）；司房东西各三间，三檩，两椽。县廨宇：厅无耳房，余同州。"②

明代强调儒家礼制，制定了详细严密甚至更加严苛的建筑等级制度。这套制度随着社会形势的变化不断加以修订和补充，显示出统治者对此项制度的重视。《明史》对百官宅第做了详尽规定："百官第宅，明初，禁官民房屋，不许雕刻古帝后圣贤人物及日、月、龙、凤、狻猊、麒麟、犀、象之形。凡官员任满致仕，与见任同。其父祖有官，身殁，子孙许居父祖房舍。洪武二十六年（1393 年）定制，官员营造房屋，不准歇山转角，重檐重栱及绘藻井，惟楼居重檐不禁。公侯，前厅七间，两厦，九架；中堂七间，九架；后堂七间，七架；门三间，五架，用金漆及兽面锡环；家庙三间，五架，复以黑板瓦，脊用花样瓦兽，梁、栋、斗栱、檐桷彩绘饰；门窗、枋柱金漆饰。廊、庑、仓库、从屋，不得过五间七架。一品、二品，厅堂五间九架，屋脊用瓦兽；梁、栋、斗拱、檐桷青碧绘饰；门三间五架，绿油，兽面锡环。三品至五品，厅堂五间七架，屋脊用瓦兽；梁、栋、檐桷青碧绘饰；门二间三架，黑油、锡环。六品至九品厅堂三间七架，梁、栋饰以土黄；门一间三架，黑门，铁环。品官房舍，门窗户牖不得用丹漆。功臣宅舍之后，留空地十丈，左右皆五丈，不许挪移军民居止，更不许于宅前后左右多

---

① 牛淑杰：《明清时期衙署建筑制度研究——以豫西现存衙署建筑为例》，西安建筑科技大学硕士学位论文，2003，第 13 页。
② 同上。

占地，构亭馆，开池塘，以资游眺。三十五年（1402 年），申明禁制，一品、三品厅堂各七间，六品至九品厅堂各五间、六品至九品，厅堂、梁、栋只用粉青饰之。"①《明会要》与《明会典》中也有与此相关的记载。

清代统治者大力采纳吸收汉文化，是为了协调民族关系，达到长治久安，所以清代的建筑等级制度也大体沿袭明代。《钦定大清律例》卷十七"礼律仪制"："凡官民房舍、车服、器物之类，各有等第。若违式、僭用，有官者，杖一百，罢职不叙；无官者，答五十，罪坐，家长、工匠并答五十。（违式之物责令改正，工匠自首免罪，不给赏）。若僭用违禁龙凤纹者，官民各杖一百，徒三年（官罢职，不叙），工匠杖一百，违禁之物并入官。""房舍、车马、衣服等物贵贱各有等第，上可以兼下，下不可以僭上。其父祖有官身，殁曾经断罪者，除房舍仍许子孙居住，其余车马衣服等物，父祖既与无罪者有别，则子孙盖不得用。""房舍并不得施用重栱重檐，楼房不在重檐之限。职官一品、二品，厅房七间九架，屋脊许用花样兽吻，梁栋斗栱檐柱彩色绘饰，正门三间五架，门用绿油，兽面铜环；三品至五品，厅房五间七架，许用兽吻，梁栋斗拱檐角青碧绘饰，正门三间三架，门用黑油，兽面摆锡环；六品至九品，厅房三间七架，梁栋止用土黄刷饰，正门一间三架，门用黑油，铁环；庶民所居堂舍不过三间五架，不用斗栱彩色雕饰。"同时，对衙署建筑的大堂也有保护条例："公堂乃系民人瞻仰之所，如奴仆皂吏人等入正门驰道、坐公座者，杖七十，徒一年半……"②清代还对地方城市以及衙署建筑的规模形制做了较为详尽的规定。

《钦定大清会典·工部》记述："凡建制曰省（布政史所治，为省

---

① 牛淑杰：《明清时期衙署建筑制度研究——以豫西现存衙署建筑为例》，西安建筑科技大学硕士学位论文，2003，第 14 页。

② 《钦定大清律例》卷十七《户律》，顺治元年（1644 年）开始着手法典的制定，乾隆五年（1740 年）完成，并定名为《钦定大清律例》。

城），曰府（除省城知府外，其余知府所治为府城），曰厅（直隶同知及府属分管地方之同知、通判所治，皆为州城），曰县（除省城、府城知县外，其余知县所治为县城），皆卫以城（城治方圆随其地势，城墙中筑坚土而为土中，外镶砌以砖，上为锥堞，城门外圈以月城。惟僻壤之厅州县城直土坚处所，间或筑土为城，又倚山之城，又有削壁令陡以作城者）。而备其衙署（各省文武官均设衙署。其制，治事之所为大堂、二堂，外为大门、仪门，大门之外为辕门，宴息之所为内室，为群室，吏攒办事之所为科房。大者规制具备，官小者以次而减，佐贰官复视正印官为减，布政使司、监运使司、粮道、盐道，署侧皆设库。按察使司及府、厅、州、县署侧皆设库狱。教官署皆依于明伦堂。各州及直隶州皆设考棚，武官之大者，于衙署之外，别设教场、演武厅），祠庙，仓廪，营汛。将军若大臣所驻亦如之。凡兴工皆按其规制而估报（兴建城垣、衙署、祠庙、仓廪、营汛等工，皆由督抚将军大臣等酌定规制，奏准后伤委勘估，造册具题覆定兴工，其逾保固限，应行修理者，亦由地方官估计申报，分别奏咨，覆准茸治，营造房则由总兵副将，会地方官亲勘估报），竣事则覆而销焉（题案则题销，咨案则咨销，皆造册送部覆算），各定其用款。"①

与明代相比，清代的建筑等级制度在某种程度上可以视为在明代制度的基础上补充而成的。清代的建筑等级制度更注重建筑群体各部分的比例关系，除了对王侯府邸以至庶民居宅的主要房屋的间架数目详加限定之外，还对其台基高低做了规定，这就使得建筑群各部分之关系更加确定、建筑群体形象更加规整和定型了。此外，清代的建筑等级制度也很重视人们对单体建筑自身各部分之间的比例关系。明代对屋顶瓦饰的规定只是限于可否使用，而清代则加上了对瓦饰件数的限制，地位越

---

① 《钦定大清会典·工部》卷七十二，康熙三十五年（1696年）初修，雍正五年（1727年）续修。

高，可用的房子越大，可以使用的瓦饰件数就越多，这就意味着屋顶装饰和屋顶体量乃至整个建筑的体量有着一定的比例关系。

二、职官制度

（一）官吏选拔

两汉时期选拔官吏的主要途径称为"察举征辟"。所谓"察举"，就是皇帝设定人才标准，要求各级长官举荐人才，经荐举者再由皇帝和有关机构考试，然后量才录用。所谓"征辟"，包括"征"和"辟"两个含义：征，是皇帝派专人聘请有社会名望的人到朝中或地方官府任职；辟，是朝中高级官吏和郡县长官聘请社会名人做自己的僚属。

魏晋南北朝时期实行九品中正制度，即在地方各州郡选一有声望者任当地中正官，职掌举贤荐能之事。由中正官将当地州郡士人按其德才分为九品，每岁每十万人举孝廉一人，由吏部授予官职，谓之"九品官人法"。各州郡中正官实际上均由世族豪门把持，荐选实则由"家世门第"所定，因而保证了豪门世族高官厚禄的特权。

科举从隋代开始，是历朝设科考试选拔官吏的一种制度，由分科取士而得名。例如，清代应选人由童生试（县试、府试、院试）、乡试、会试和殿试取得举人、进士等不同的科举资格，方可候选入仕。清代除从进士、举人中选拔官吏外，其他五贡（恩贡、拔贡、副贡、岁贡和优贡）出身的人也是官吏的主要来源。

捐纳是中国古代封建王朝准予上民捐资纳粟的得官之法，也是皇帝通过卖官鬻爵以增加国家收入，解决财政困难的一种集资办法。此制创始于秦王政四年（前243年），西汉形成制度，但西汉最高可买到相当于县令的官职。东汉灵帝卖官明码标价、张榜公布，现钱交易者优惠。

此后各代皇帝都有卖官之举。①

以上几种官吏选拔途径，凡以察举征辟、九品中正和科举制度选拔为官的都称"正途"，因而为世人所重；凡以捐纳为官的都称"异途"，因而为世人所轻。

（二）任职回避制度

所谓"任职回避制度"，即我国古代在任用官员时，为了避免亲友邻里请托，制定出一定的限制条件以防患于未然的一种制度。任职回避制度起始于东汉的"三互法"，规定婚姻之家及两州人不得交互为官。唐朝规定不许官员任本贯（即原籍）州县官及本贯邻县官。北宋时正式规定被选中的官员任职须回避原籍。北宋的这种制度为以后的历代王朝所沿用，至明代形成一种重要的职官制度。

任职回避制度最重要的是地理回避和亲属回避，其次是师生回避、拣选回避、科场回避和审判回避。地理回避，是指凡为官者不得在本地做官，即回避本籍。宋代，官员不仅须回避本籍，而且非本籍但在此地有地产的也须回避。明代回避制度颇严，规定实行大区域回避，即北人官南，南人官北，或者西部地区调任东部。清代的官员回避制度打破了传统的按行政区划分的做法，改以五百里为限，即官员虽在外省做官，但距离原籍、寄籍五百里以内的地区，都须回避，教职只回避本府州县。应该回避的官员，本人隐瞒不说的，降一级调用。如假报亲属、师生关系，或者里程不实，借回避之名挑选官缺的，按规避（逃避）例革职。据清《内乡县志·职官表》记载，上自公元前6年，下至清末（1911年）的1900多年间，在内乡任职有名可查的180多名县官中，没有一个为河南人。

历代地方官吏的任期一般为三年，不得久居一地，任满若属卓异则

---

① 清代，捐纳风更盛，康熙时出银4000两可捐一知县，致使全国捐纳知县达500余人，道光时捐一知县甚至跌到白银999两。捐纳制不仅使无官之人可以捐官，而且可以获得捐封典，捐虚衔及穿官服等待遇。但出钱捐官者都是"将本求利"，一旦到职任事，鲜有不中饱私囊、残民害政的。

提升，平常者则平调，有过者或革职或降级。但经考核本应升迁的，百姓可以请求连任。为使连任官员不致因连任而失去应升的级别和应得的俸禄，即在原职上加级或改衔（如知县加同知衔），这是以德礼辅行政的一种奖励办法。据《内乡县志》记载，清王朝统治的 268 年间，乡县历任县官 113 人，平均任期 25 年。

第二章　山海关的历史沿革

由明代至清代，山海关的军事地位逐渐弱化，至清康熙年间已经从军事重镇转变为居民镇。山海关独特的历史使其在历史价值、军事价值、建筑价值、文化价值等方面具有研究意义。

山海关距离北京大约 280 千米，两地之间的地形以利于骑兵冲杀的平原为主。正因为山海关的特殊地理位置关乎明王朝京师的安全，所以从明中后期开始，山海关逐渐赢得了"天下第一关"的称号。而"天下第一关"中所谓的"第一"，不仅指山海关地处万里长城最东端，更表明了它扼守辽西走廊、护卫华北平原的重要地理价值。

山海关是地理位置比较特殊的一个军事重镇。在明清政权更迭的过程中，山海关从明代拱卫京师的军事重镇演变为清代连接盛京与北京的行政县，这是别的城市所不具备的。山海关设立之初是为了防御东北游牧民族的侵扰，而随着政权更迭，被防御的对象成了统治者，所以这座城市的军事功能逐渐弱化，至清中期已经成为居民城镇了。本书针对这种变化进行了专门研究。

由于处在中原农耕文化和东北游牧文化的枢纽位置，山海关在明清时期既是军事重镇，又是商贸重镇。山海关在明朝为防止东北女真族的侵扰和元朝残余势力的进犯起到了决定性的作用。进入清朝后，山海关失去了军事防御作用，但仍然是东北和华北的交通要冲。清朝时，山海关是皇帝到沈阳祭祖的必经之路，也是文人雅士登楼览胜的场所。

山海关具有极高的军事价值，是万里长城东部起点的第一座关隘，是关内关外的分界线，是明朝京师——北京的重要屏障，是以展现明代重要关口和平原长城为主的历史遗迹和人文景区。山海关作为军事重镇和战略要地，明宣德年间（1426—1435）曾在此特设兵部分司署，为明代兵部的唯一分设机构，具有独特的军事与政治价值。自其设立至明朝覆灭的200多年间，共有90位兵部分司主事于此。

山海关今属秦皇岛市，秦皇岛地区在明代、清代的概略如下：明代为永平路（后改为平滦路、永平府）下辖卢龙县、抚宁县、昌黎县、永平卫、山海卫、抚宁卫、卢龙卫等。明初，此处为永平路，隶属山东行省，洪武二年（1369年）改名平滦路，改隶北平行省；洪武四年（1371年）改名永平府，并设府治；永乐十九年（1421年），直隶京师。府下辖秦皇岛市范围内的卢龙县、昌黎县、抚宁县，县治皆在今县城址。当时，抚宁县管辖范围东至山海关外，北辖青龙县南部。洪武四年（1371年），在府治南建永平卫，在山海关设山海卫。永乐元年（1403年），在抚宁城北设抚宁卫，在府治东北建东胜左卫，后入府南新建卢龙卫，后入永平卫。隆庆三年（1569年），又添置燕河营路、台头营路、石门寨路、山海关路，隶属蓟州总兵，各路驻守参将。

清代为永平府，下辖卢龙县、抚宁县、昌黎县、临榆县、山海关、抚宁卫。清代，隶属直隶省通永道永平府，在卢龙城设府治，下辖卢龙县、昌黎县、抚宁县，县治皆在今县城。乾隆二年（1737年）在山海关始置临榆县，割抚宁深河以东土地归临榆县。现青龙满族自治县的东部属临榆县，中部属抚宁县，西部属迁安县。清初在山海关设山海关副都统，直至清末还保留了山海卫、抚宁卫。顺治元年（1644年）设山海关镇总兵。顺治六年（1649 年）裁山海关总兵，改设副将。顺治七年（1650 年）抚宁卫并入山海卫。乾隆二年（1737 年）废山海卫。顺治九年（1652 年）裁山海关副将统归山永协，顺治十三年（1656 年）设蒲河营都司。道光二十三年（1843 年）山海关路都司改为游击，道光二十八年（1848 年）移驻永平府。光绪二十四年（1898 年），矿务大臣张翼奏准开秦皇岛为商埠，陆续修建运煤码头。

第一节　历史发展沿革

山海关古称榆关、渝关、临渝关、临闾关。古渝关在抚宁县东二十里，北倚崇山，南临大海，相距不过数里，非常险要。光绪十四年（1888 年）《临榆县志》中绘有沿革表格（图 2-1）。

（1）

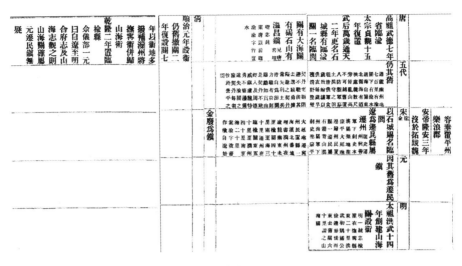

（2）

图 2-1 山海关历史变迁沿革简表图

资料来源：清·光绪十四年（1888 年）《临榆县志》

隋开皇三年（583 年），筑渝关关城。唐贞观十九年（645 年），唐太宗征高句丽，自临渝还。五代后梁乾化年间（911—913），渝关为契丹所取。薛居正指出："渝关三面皆海，北连陆。自渝关北至进牛口，旧置八防御兵，募士兵守之，契丹不敢轻入。及晋王李存勖取幽州，使周德威为节度使，德威恃勇，不修边备，遂失渝关之险。契丹刍牧于营、平二州间，大为边患。"[①]

明洪武十四年（1381 年）中山王徐达奉命修永平、界岭等关，带兵到此地，以古渝关非控扼之要，于古渝关东六十里移建山海关，因其北倚燕山，南连渤海，故得名山海关。山海关长城历经洪武、成化、嘉靖、万历、天启、崇祯六朝修筑，耗用大量人力、物力和财力，前后用263 年时间，建成了七城连环、万里长城一线穿的军事城防系统。明末女将军秦良玉镇守过山海关，李自成与吴三桂亦曾在此激战。

---

① ［宋］薛居正：《旧五代史·卷二十八》，中华书局，2015，第 121 页。

1961 年，山海关被列为第一批全国重点文物保护单位。20 世纪 60 年代末 70 年代初，在墙体内修建互相连通的防空洞，墙体现有砖砌洞口。从 1956 年到 1994 年，先后修复了镇东楼至威远堂和镇东楼至靖边楼的城墙，修复了靖边楼、牧营楼和临闾楼。主要修复的是靖边楼和镇东楼之间的青砖内墙；镇东楼和威远堂之间的毛石内墙、垛口墙和宇墙；靖边楼和临闾楼之间的外墙体；补塈靖边楼到镇东楼之间的城面。为便于人们前往"天下第一关"，1980 年在南门东正对一关路开 35 米的城墙豁口一处。1987 年为协调古城风貌，在豁口处修建券门洞四座，中间两座相同，洞高 6.8 米、宽 6 米、长 16 米；两边两座相同，洞高 5.9 米、宽 5 米、长 16 米。1987 年，包括山海关在内的中国长城被列入世界文化遗产名录。1985 年，山海关被列为"全国十大风景名胜"之首。①

第二节　明代山海关

《明史·志第十六·地理一》② 中与山海关（山海卫）相关的记述摘录如下：

洪武初，建都江表，革元中书省，以京畿应天诸府直隶京师。后乃尽革行中书省，置十三布政使司，分领天下府州县及羁縻诸司。又置十五都指挥使司以领卫所番汉诸军，其边境海疆则增置行都指挥使司，而于京师建五军都督府，俾外都指挥使司各以其方附焉。成祖定都北京，

---

①　根据相关历史资料《永平府志》（明）、《永平府志》（清），《山海关志》（明）、《山海关志》（清），《临榆县志》（清、民国）整理。

②　［明］詹荣：《山海关志·山海关城图》，嘉靖十四年（1535 年）。

北倚群山，东临沧海，南面而临天下，乃以北平为直隶，又增设贵州、交址二布政使司。仁、宣之际，南交屡叛，旋复弃之外徼。

终明之世，为直隶者二：曰京师，曰南京。为布政使司者十三：曰山东，曰山西，曰河南，曰陕西，曰四川，曰湖广，曰浙江，曰江西，曰福建，曰广东，曰广西，曰云南，曰贵州。其分统之府百有四十，州百九十有三，县千一百三十有八。羁縻之府十有九，州四十有七，县六。编里六万九千五百五十有六。而两京都督府分统都指挥使司十有六，行都指挥使司五，曰北平、曰山西、曰陕西、曰四川、曰福建，留守司二。所属卫四百九十有三，所二千五百九十有三，守御千户所三百一十有五。又土官宣慰司十有一，宣抚司十，安抚司二十有二，招讨司一，长官司一百六十有九，蛮夷长官司五。其边陲要地称重镇者凡九：曰辽东，曰蓟州，曰宣府，曰大同，曰榆林，曰宁夏，曰甘肃，曰太原，曰固原。皆分统卫所关堡，环列兵戎。纲维布置，可谓深且固矣。

永平府。元永平路，直隶中书省。洪武二年（1369年）改为平滦府。四年（1371年）三月为永平府。领州一，县五。西距京师五百五十里。弘治四年（1491年）编户二万三千五百三十九，口二十二万八千九百四十四。万历六年（1578年），户二万五千九十四，口二十五万五千六百四十六。

卢龙倚。东南有阳山。西有滦河，自开平流经县境，有漆河自北来入焉。东有肥如河，经城西入于漆。北有桃林口关。

迁安府西北。北有都山。东有滦河。又北有刘家口、冷口、青山口等关。

抚宁府东少南。旧治在阳河西，洪武六年（1373年）十二月所徙。十三年（1380年）又迁于兔耳山东。东南滨海。又东有榆河，又有阳河，一名洋河，俱自塞外流入，俱东南注于海。东有山海关。洪武十四年（1381 年）九月置山海卫于此。北有抚宁卫，永乐元年（1403 年）二月置。又有董家口、义院口等关。东有一片石口，一名九门水口。

昌黎府东南。西北有碣石山。东南有溟海，亦曰七里海，有黑阳河，自天津达县之海道也。又有蒲泊，旧产盐，置惠民盐场于此。北有界岭口、箭捍岭等关。

蓟州。洪武初，以州治渔阳县省入。西北有盘山。东北有崆峒山。又沟水在北，沽河在南。州北有黄崖峪、宽佃峪等关。东又有石门镇。西距府二百里。领县四：

玉田州。东南。东北有无终山，又有徐无山。又东有梨河。北有浭水。东南有兴州左屯卫，永乐元年（1403 年）自故开平境移置于此。

丰润州。东南。南有沙河。西南有浭水。

遵化州东。东北有五峰山。南有灵灵山及龙门峡。又东有滦河。西南有梨河。北有喜峰口、马兰峪、松亭等关。

平谷州。西北。洪武十年（1377 年）二月省入三河县。十三年（1380 年）十一月复置。东南有沟河，又有洳河。西北有营州中屯卫，永乐元年（1403 年）自故龙山县移置于此。又东有黄松峪关，与密云县将军石关相接。

一、设卫

《全辽备考》上记载："关外即属辽镇设二十五卫[①]：曰定辽中卫，曰定辽左卫，曰定辽前卫，曰定辽后卫，曰东宁卫，曰定辽右卫，曰海

---

① 二十五卫分别是：定辽中卫、定辽左卫、定辽前卫、定辽后卫、东宁卫、定辽右卫、海州卫、盖州卫、复州卫、金州卫、广宁卫、广宁左卫、广宁右卫、广宁中卫、义州卫、广宁左屯卫、广宁右屯卫、广宁中屯卫、广宁前屯卫、广宁后屯卫、宁远卫、沈阳中卫、铁岭卫、三万卫、辽海卫。

州卫，曰盖州卫，曰复州卫，曰金州卫，曰广宁卫，曰广宁左卫，曰广宁右卫，曰广宁中卫，曰义州卫，曰广宁左屯卫，曰广宁右屯卫，曰广宁中屯卫，曰广宁前屯卫，曰广宁后屯卫，曰宁远卫，曰沈阳中卫，曰铁岭卫，曰三万卫，曰辽海卫。分屯重兵（明初设兵一万九千三百余名，万历初存操兵八万六千六百，后东事呕聚松杏间者遂至十三万有奇，辽阳大凌河失后尚十一万一千二百余名）。"[1]

洪武十四年（1381 年），春正月，大将军徐达发燕山等卫屯兵万五千一百人修永平、界岭等三十二关。

洪武十四年，创建山海关，内设山海卫，领十千户所，属北平都指挥使司。

据记载，山海关城在修筑时，是在"旧为村落"的基础上，由迁民聚集"拓而城之"的。也就是说，山海关是在聚集而成的村镇周围，不算太大的范围内，拓展为城的。因是据关为城，山海关城在修筑时拓展的面积比一般县城的规模要大得多。又因与长城连接，特别是东面城墙本身就是长城的组成部分，修筑的城墙也要比一般县城坚固、高大得多。这是山海关城在修筑时的独特之处。

据明《山海关志》[2] 中山海关城图（图 2-2）所绘，嘉靖年间（1522—1566）山海关城建筑布局大致如下：城中央十字大街交汇处为鼓楼；东大街立有两座牌坊，一名"兵部分司坊"，一名"东北第一关坊"；东门内侧和城西北部是主要的行政管理区域；草场位于城东南隅；山海仓位于城西南隅；演武场设于南门外东侧；急递铺和迁安马驿分别设于西门外南北两侧；居民区和商业区主要集中于鼓楼附近，特别

① ［清］林佶：《全辽备考》，辽海书局，1912—1918 年间。
② ［明］詹荣：《山海关志·山海关城图》，嘉靖十四年（1535 年）。

是东西两条大街附近。

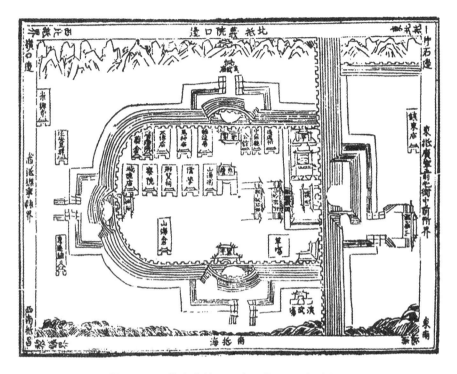

图 2-2　明代山海关图（卢可歆 2019 年绘制）

资料来源：明·嘉靖十四年（1535 年）詹荣《山海关志》33—34 页

永乐元年（1403 年），革北平都司，设留守行都督府，以山海卫直隶后军都督府。

宣德五年（1430 年），调左中二千户所于辽东，只领千户所八。

由此说明，山海关是由村落扩展为城池，后演化为防御性的镇防城市。囿于资料，没有找到当时更多的村落信息，如果以后从历史文献中找到蛛丝马迹补充进来，也可以探索村落建筑的变迁。

关于城的具体规格，《山海关志》中记载得比较详细，既有城的尺寸，也有池的数据。这样的记载从另一个侧面说明了古人的"城池"

建设制度，以池环城可以视为城市防御体系的一种形态。

卫城（指山海卫），周八里一百三十七步四尺，高四丈一尺，土筑砖包其外，自京师东，城号高坚者，此为最大。门四，在东西南北各设一门，门各设重间上竖楼橹，环排铺舍，以便夜巡。水门三，居东西南三隅，泄城中积水，引以灌池。八所尽有其界碑，设之女埤云。

池，周一千六百二十丈，阔十丈，深二丈五尺，外有夹池，其广深半之。潴水四时不竭，四门各设吊桥横于池上以出入。

长城，南入海十余丈，北抵角山绝壁，共长二十一里一百八十四步，高三丈二尺。

池，南接海口，北至角山麓，共计长二千九百四十丈四尺，阔六丈，深二丈。

以上城池俱国初魏国公徐公达创建。[①]

这段记述，明确地给出了山海关城的尺寸，为"周八里一百三十七步四尺"。根据明代1丈＝10尺，1尺＝34.5厘米，可以换算出当时城周长为$8 \times 500 + 137 \times 5 \times 0.345 + 4 \times 0.345 = 4237.705$米，高度为$4 \times 10 \times 0.345 + 0.345 = 14.145$米；池的周长为$1620 \times 10 \times 0.345 = 5589$米，阔为$10 \times 10 \times 0.345 = 34.5$米，深为$2 \times 10 \times 0.345 + 5 \times 0.345 = 8.625$米。夹池的深度为城池的一半，即4.3125米。

二、重镇

为了扼制卫所制度被破坏所带来的边备空虚，明政府在各边镇设

---

① ［明］詹荣：《山海关志》卷三，明嘉靖十四年（1535年）。

镇成总兵。伴随着募兵制的兴起，营与伍逐渐脱离，总兵职务系列形成，总兵制度逐渐完备。总兵制和原来卫所制的最大区别是将与营的结合以及将与兵的结合。募兵制相对世兵制来说，军队更加专业化和职业化，有利于军队素质的增强，兵将的结合对提高军队战斗力是十分有利的。

山海关是明四镇三关中的三关之一。万历四年（1576 年）刻本《四镇三关志》记载："四镇：蓟州、昌平、辽东、保定，三关：紫荆关、居庸关、山海关。"①

据《临榆县志》载："西罗城，傅大城之西关外，明崇祯十六年（1643 年），巡抚朱国栋请建，工未毕，通改革中止。门一，在城西，曰'洪宸'。城未建时，即有拱宸楼，不知何年始建。"

因土筑易圮，明万历二十四年（1596 年）副将杨元改用砖石。今"拱宸门"及西罗城均毁。

翼城分别距关城南、北二里，建筑形制相同。据《临榆县志》载：南北翼城城墙均高"二丈有奇"，城"周三百七十七丈四尺九寸"，城南北各有一门，为"明巡抚杨嗣昌建"。

今两座翼城皆毁，仅存残址。

关城南门楼的规模和东、西两门楼相同，匾额题字"吉里普照"，明嘉靖八年（1529 年）修建。因年久失修，破损严重，于 1955 年拆毁。

关城北门上有门楼，明朝天启六年（1626 年）建，万历三十九年

---

① [明] 刘应节、杨兆修、刘效祖纂，万历四年（1576 年）刻本《四镇三关志》。此志内容包括建置考、形胜考、军旅考、粮饷考、骑乘考、经略考、制疏考、官职考、才贤考、夷部考。卷首载刘应节四镇三关志叙、杨兆修撰于万历丙子（1576 年）的四镇三关志序，纂修边志有檄文以及修志姓氏。其中，建置考中附有各镇地图、多种兵器、车营。北京大学所藏《四镇三关志》只存九卷，为清光绪己丑（1889 年）抄本。抄录者李文田曰："《四镇三关志》丰翰林院清堂中。乾隆三十八年（1773 年）十月直隶抚督周元理送到，计书十本，其末卷夷部考已抽毁，全书亦不著录提要中，惟杨宾《柳边纪略》、厉鹗《辽史拾遗》皆引之，外间罕有传布，盖当日抽毁后查禁之书，今边防渐亟，引亦药笼中物，故命工抄之原本，仍还清门必堂云。"

（1611 年）员外郎邵可立、副将刘孔尹重建。建后城楼多次遭受火灾，故废弃未修。

第三节　清代山海关

清初山海卫隶属于抚宁，改设临榆县后，易军为民，编社废屯，实现了从军事卫所到行政县的转变。

顺治七年（1650 年），抚宁卫归并山海卫，其卫地多拨补滦州。①

顺治九年（1652 年），卢龙卫、东胜左卫、兴州右屯卫归并永宁卫，卢龙卫、东胜左卫地多拨滦州，兴州右屯卫地多拨迁安、遵化、三河、玉田。此时原有七卫的永平府境内仅余三卫：山海卫、永平卫、开平中屯卫。开平中屯卫在康熙六年（1667 年）被裁②，此后改称"开平营"。其卫地及人口并入滦州。永平卫在康熙二十七年（1688 年）被裁③，其卫地及人口并入卢龙县；山海关卫于乾隆二年（1737 年）废卫建县，设临榆县。④

据乾隆二十一年（1756 年）编修的《临榆县志》记载，当时的临榆县"东西广七十里，南北袤二百三十里"，"东至关外红墙、宁远州界十里，西至深河、抚宁县界六十里，南至海十里，西南至戴家河、抚宁县界七十里，东北至条子边、蒙古界七十里，西北至码礤岭、抚宁县

---

① 参阅康熙《山海关志》卷二，原文："（顺治）七年（1650 年），以卫地多补滦州，将抚宁卫并归山海卫。"

② 参阅《大清一统志》卷十九载："本朝康熙六年裁卫，十四年移三屯营把总驻此。"

③ 《大清一统志》卷十九载："永平故卫，在府治南，明洪武四年（1371 年）置，本朝二十七年裁。"

④ 关于山海关卫的裁撤时间记载上有出入。原文附下：《大清一统志》卷十九载："本朝乾隆二年（1737 年），建临榆县，卫废"；乾隆《临榆县志》卷首《临榆县志序》载："临榆，故山海关旧地也，我皇上潜龙纪元之二年，改卫为县，易军而民。"这两本文献所载一致，本文按此说法。而光绪《永平府志》卷三十一载："三年，裁山海卫，改设临榆县，拨归卫地，于近县内拨归本县。"

界七十里"。^① 可见，清代时临榆县县域较广，包括了今天的山海关区和秦皇岛市海港区、北戴河区，以及抚宁县东部、青龙满族自治县东南部和辽宁省绥中县西部一个广大区域，可以说是直隶与盛京两省交界地带的一个重要县域。

一、山海卫

山海关地区在清代不同时期的称谓也是不同的：最初沿袭明代仍称为山海卫，之后即乾隆二年（1737年）改为县署，称为临榆县。县名"临榆"中的"榆"字也有"榆""渝"两种不同写法。"渝"是汉代旧称，彼时山海关地区属于辽西郡临渝县。"榆"是清代改卫为县后的称谓。

从明代的"山海卫"改为"临榆县"，根据现有资料，应在乾隆二年（1737年）。乾隆三十八年（1773年）编修的《永平府志》卷一记载："乾隆二年（1737年）改山海卫为临榆县乃领一州六县……临榆县汉为临渝县，属辽西郡，自晋以后乃废临渝县。隋城渝关，唐改石城县，临渝关仍属县治，一名，临闾关。宋石城赐名临闾，辽，迁归州民为迁民县，属迁州。金废为镇，元因其旧，明洪武初始徙而东去旧关六十里曰山海关，十四年（1381年）设山海卫，宣德五年（1430年）遂以卫属永平。我朝顺治元年（1644年），设卫撤关，二年（1645年）复关，七年省抚宁卫入山海卫，乾隆二年（1737年）改临榆县隶永平府。"^②（图2-3）

① ［清］乾隆二十一年（1756年）《临榆县志》。
② ［清］乾隆三十八年（1773年）《永平府志》卷一，第56页。

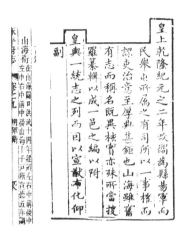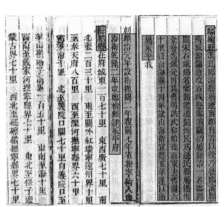

图 2-3 县志中关于临榆县历史沿革与地理位置的记载

资料来源：清·乾隆二十一年（1756 年）《临榆县志》

在康熙五十年（1711 年）的《山海关志》中,《山海卫舆地图》的图名为《山海卫》，其图面表达和明代的差别不大。

需要说明的是，在历史地图学的研究中，对县志中所绘地图进行考证是很重要的，因为有些古代地图可能只是抄绘前人所绘图录而收入县志，并不能完全反映当时的实际全貌。根据康熙版《山海关志》的文字可以判断出，此版本中的县志图是从明代版本的县志中收录的，且并未做较大的改动。这一情况在其后的乾隆年县志和光绪年县志也存在。对于地图的校对和考证非本书作者之研究方向，恐有错漏，请专业人士指正。

二、临榆县

（一）疆域

临榆县在府城东二百七十里，东西广七十里，南北袤二百三十里。东至关外红墙宁远州界十里，至奉天府八百里；西至深河抚宁县界六十里；南至海十里；北至义院口关七十里，自义院口至羊山岭二百五十里；东南至海十里；西南至戴家河抚宁县界七十里；东北至条子边蒙古界七十里；西北至码碟岭抚宁县界七十里。① （图 2-4）

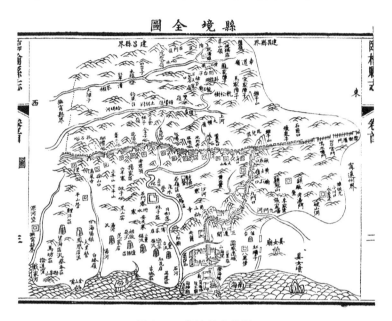

图 2-4 临榆县全境图

资料来源：清·光绪四年（1878 年）《临榆县志》

（二）渝关（榆关）

根据《永平府志》中对渝关的记载（图 2-5），渝关的"渝"本指"渝水"，在史书行文的时候，也写作"榆"。

对比康熙和乾隆不同时期的《永平府志》，可以看到山海关地区的称谓从"山海卫"（图 2-6）变为"临榆县"（图 2-7）。清乾隆三十八年（1773 年），舆图上已标为临榆县舆图。

山海关由"山海卫"变为"临榆县"是在乾隆二年（1737 年）。

① ［清］高锡畴：《临榆县志》，光绪四年（1878 年）。

图2-5　县志中对榆关的记载

资料来源：清·乾隆三十八年（1773年）《永平府志》

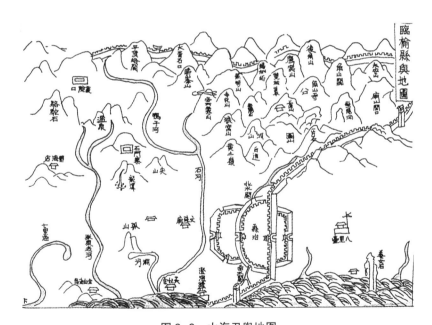

图2-6　山海卫舆地图

资料来源：清·康熙五十年（1711年）《永平府志》

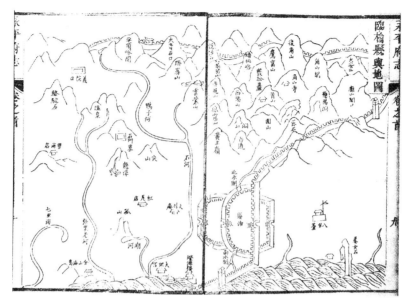

图 2-7 临榆县舆地图

资料来源：清·乾隆三十八年（1773 年）《永平府志》

第四节 山海关的现状

山海关位于东经 119°24′—119°51′，北纬 38°48′—40°07′，总面积 192 平方千米。2021 年 5 月，根据第七次全国人口普查结果，山海关区人口数量为 16.5 万人。根据 2021 年秦皇岛市人民政府网站资料显示：山海关区辖 5 个街道、3 个镇、1 个乡：南关街道、东街街道、西街街道、路南街道、船厂路街道、第一关镇、石河镇、孟姜镇、渤海乡。山海关区下辖秦皇岛经济技术开发区（东区）。①

山海关东距辽宁省会沈阳市 363 千米，距离大连市 197 千米，西距北京市 287 千米，距石家庄市 502 千米。其东北部与辽宁省绥中县接

---

① 秦皇岛市人民政府 http：//www.qhd.gov.cn.

壤，西部与秦皇岛市中心区——海港区毗邻，南襟渤海，北依燕山。

山海关是举世闻名的旅游胜地，名胜古迹荟萃、风光绮丽，是国家级历史文化名城。境内历史文化遗存众多，山、海、关、城、楼、湖、海、洞、庙种类齐全。作为世界文化遗产地，山海关已获"国家级森林公园""国家级地质公园""中国长城文化之乡""中国孟姜女文化之乡""中国书法之乡"等称号。

山海关城内主要街道为鼓楼四向的东、西、南、北四条大街，大街沿线主要景观节点，从西向东，由城门而牌坊再鼓楼，再东至第一关城楼。（图2-8）

图2-8　山海关关城内主要街道景观（冯柯2009年绘制）

如今，依托旅游业的发展，山海关海、陆、空立体交通网络已经形成。京沈高速公路、102国道和205国道，京山、沈山铁路均在此交汇，从山海关到北京、沈阳分别只需2个小时和3个小时的车程。山海关火车站位于京沈铁路、京沈高速铁路客运专线中段。山海关民航机场位于城西南3千米处，可起降大中型客机，通往上海、广州、哈尔滨、西安等15个城市，近临城区的山船码头有四个深水泊位。

一、山海关主要历史建筑与旅游景点

（一）山海关"天下第一关"之名的来由

山海关，唐太宗时筑城五，所谓五花城是也，元时为迁民镇。明洪武十四年（1381年）大将军徐公达建山海关城堡一座，周九里、高三丈五尺，又建山海卫，领所八，设指挥十三员、千户十九员、百户二十三员、镇抚二员、经历一员。宣德九年（1434年），置守关兵部分司，设主事一员。嘉靖四年（1525年），设巡关御史一员。隆庆二年（1568年），裁革；三年（1569年），建山海关营，属蓟镇，设参将一员，领中军一员，千把总五员，额兵一千四百一名，尖哨三十名，夜不收三十名，马骡二百匹头。关外即属辽镇，设二十五卫①，分屯重兵，则此关固东北一咽喉也。额曰：天下第一关。有自来矣。今乃为本朝发祥之门，设和敦大一员、佐领八员、骁骑八员、兵三百六十四名，移永平府通判一员讯过客搜参貂②而已。③

康熙二十一年（1682年），康熙皇帝东巡盛京，返京途经山海关，驻跸孟家店大清行宫，第二天康熙皇帝与众臣登上"天下第一关"，赋诗《山海关》。诗文前两联："重关称第一，扼险倚雄边。地势长城接，天空沧海连。"展现了山海关的地势、人文等。

---

① 二十五卫指的是"曰定辽中卫曰定辽左卫曰定辽前卫曰定辽后卫曰东宁卫曰定辽右卫曰海州卫曰盖州卫曰复州卫曰金州卫曰广宁卫曰广宁左卫曰广宁右卫曰广宁中卫曰义州卫曰广宁左屯卫曰广宁右卫曰广宁中屯卫曰广宁前屯卫曰广宁后屯卫曰宁远卫曰沈阳中卫曰铁岭卫曰三万卫曰辽海卫"。
② 明制，参貂材木鱼鲜之类皆有禁条。
③ ［清］林佶：《全辽备考》，辽海书局，1912—1918年间。

写这首诗时，康熙皇帝正值 28 岁，血气方刚，风华正茂，回想自登基以来，擒鳌拜、平三藩，大清王朝得以统治巩固，表现了胜利者踌躇满志的心情和年轻有为的气魄。后来这首诗被选入《畿辅通志·帝制纪·宸章一》。

长城遗址①

长城东尽处，曰大龙头；西尽处，曰大龙尾。皆有石碑，刻大字嵌城上。"大龙头"土人呼为"老龙头"，上有望海楼。或有游宴其中者，楼前有石碑，大书"一勺之多"四字。

孟姜遗迹②

山海关外三里，曰凄惶岭。又曰欢喜岭。盖东行者至此凄惶，而西还者至此则欢喜也。又五里，曰毛家山。南即望夫石贞女祠。在其上木龛中有一妇人像，作凄恻状，乃所谓许氏孟姜者也。有联云：秦王安在哉，万里长城筑怨；姜女未亡也，千秋片石铭贞。祠南里许为姜女坟，或曰：坟在海中，不可即。

（二）山海关城③的修缮

山海关城是在元代迁民镇故址所建。郭造卿《卢龙塞略》卷十四《修边考》中记述："天顺五年（1461 年）《一统志》：'边关，其首榆关，古废关也。今府境八：山海关在抚宁县东北，其北为山，其南为海，相

---

① ［清］林佶：《全辽备考》，辽海书局，1912—1918 年间。
② 同上。
③ 2005 年，为迎接第 29 届北京奥运会，打造河北省精品旅游，作为河北省一号工程，耗资 14.72 亿元的复建山海关古城项目正式启动，2007 年 7 月全部竣工。竣工后的山海关古城建筑，风格主要为明清样式仿古建筑，以商业步行街为辅助，凸显山海关古城仿古特色，以一层为主、二层为辅。墙柱体彩画风格以苏式彩画为主，少量为旋子彩画。

距不数里许，实险要之区，本朝魏国公徐达移榆关于此，改今名……'按：榆关自唐后废久矣。魏国之山海，乃改元之迁民镇立关，非移旧关而置也。"①

山海关城池周长约 4 千米，是一座小城，整个城池与长城相连，以城为关。全城有四座主要城门，并有多种古代的防御建筑，是一座防御体系比较完整的城关。山海关以威武雄壮的"天下第一关"箭楼为主体，辅以靖边楼、临闾楼、牧营楼、威远堂、瓮城、东罗城、长城博物馆等长城建筑。

现存东罗城位于关城东门外，东侧与东城墙相连，现存城墙为明万历十二年（1584 年）所建。有关东罗城的最早记录为明万历二十七年（1599 年）的《永平府志》卷之二《建置志·城池》。

明万历十年（1582 年）兵部尚书兼右副都御史，总督蓟、辽、保定军务的张佳胤所撰写的《山海关罗城记》，对修筑东罗城的缘由及始筑时间做了明确的叙述。按此记载，东罗城是在明中期北部防御局面遭到严重破坏、整个北方防线南移、山海关长城由明初的内边重镇变成御敌外边的历史背景下，为确保山海关主城不受攻击，构成彼此呼应、重关锁隘的防御布局，由时任山海路参将的王守道于明万历十一年（1583 年）春开始修筑。

明万历十二年（1584 年）二月，永平兵备道副使成逊会同山海关兵部分司主事王邦俊，在王守道所筑夯土城墙由于战事遭到严重破坏的情况下，将外墙体下部垒石、上部包砖，对内墙体仅做局部补砌，当年五月即竣工，形成东罗城的规模。东罗城墙体城砖大多印有"万历十二年真定营造""万历十二年德州营造""万历十二年建昌车营造""万历十二年抚宁县造"等十种铭文，也印证了现存东罗城城墙为万历

① 郭造卿：《卢龙塞略》卷十四，中国审计出版社，2001，第 150 页。

十二年的修筑。

随着清王朝政治军事的发展，统治策略由明王朝的军事防御改为政治拉拢、怀柔政策，致使长城的防御功能逐步淡化，山海关东罗城也逐渐成为繁华的商业城镇，成为华北与东北的交通要道、信息和商品集散地，城墙维修基本停止。

现存东罗城东门即为关门上所建的服远楼，城门之外有一长方形瓮城护卫。另外两座城门——南门渤海门、北门衮龙门之上的门楼早已坍毁，无可考察。东南、东北转角各设角台，上建敌楼。罗城设南北二水门，东北南三面护城河环卫。

（三）山海关钟楼的复建

山海关城中心，明初时有钟鼓楼一座，建筑高度两丈七尺（约8.64米），建筑占地五丈见方（约277.8平方米），钟鼓楼下为方台，方台四个方向设有门洞，称为"四孔穿心"，台上建殿堂式建筑，建筑东设置钟有钟亭，建筑西设置鼓有鼓亭。今日所见的建筑为按照明代样式进行的复建。文昌殿，面阔五间，进深三间，两层，总共高13.31米，一层四面带围廊，二层四面设置平坐。（图2-9）

图2-9　山海关街道牌坊与钟楼（冯柯2006年拍摄）

关城西门原亦有楼，与东门"天下第一关"城楼规模相同，亦有匾额题字"祥霭榑桑",系清乾隆九年（1744年）御书。因其年久失修，早已残破不堪，于1953年拆毁。

（四）主要保留民居的修缮

山海关城内沿东西南北四条主要大街分布着民居若干院落，近两年出于对山海关古城的保护性开发，对其中的一些民居和官邸进行了测绘和修复。现存的民居相当一部分是明清遗留下来的，虽经过住户的修建和改建，但院落与建筑单体的主要特征基本得以保存（图2-10）。

图2-10　山海关民居（冯柯2006年拍摄）

山海关古城区明清民居建筑在整体上保持了明清以来的建筑特色，在直观形态上具有如下特征：

外观上，山海关明清民居建筑整体为硬山屋顶，出檐不大，常在檐椽的尽端使用短小的飞椽。囤顶屋顶多应用沥青材料和近代的防水涂料，屋顶呈黑色，便于吸收太阳的光能。墙身较厚，全部或局部表面包砖，内部填充碎石或者卵石。非面向院落的墙体一般不开窗洞，较少装饰，只是在山墙的檐口处有雕花，或者墙面表现为卵石填充的图案。墙体整体结实，给人朴实厚重的感觉。

院落空间上，呈纵向长方形规矩布置，院落划分明晰，多进布置，每进院落按照不同功能划分，空间形态各不相同，整体纵深感强。院落内布置简洁，种植银杏等地方树种或在院内的开阔地种植辣椒、番茄等蔬菜，地面以土路为主，等级较高的院落用砖铺地。

建筑上，木构件结构完整，选材较为随意，除了正房的用料显得规整外，其余房间的大梁只是树干，很多呈扭曲的自然生长型。围护墙体高大厚实，门窗隔扇花格以直线、矩形造型为主，以功能实用为标准，较少有装饰，仅在墀头或山墙檐口博风处有雕花或装饰的图案。就现存的明清民居调研结果看，较少有北京四合院中区分内外的垂花门建筑。

色彩上，屋顶、地面以及包砖墙体、砖雕为青灰色基底，木构件主要为深茶褐色、黑色，土墙面以白色或淡土黄色为主，色彩整体以建筑材料的原色为主，较少有后来的粉饰。

山海关城内现存的明清民居是传统的四合院形式，院落的进数因居住的人的不同而不同，一般为二或三进，大一点的有四进或五进。以两进院落为例，布局形式有沿街道的门房（倒座）一座，堂屋（当地人称为二房）一座，左右对称厢房各一座，由堂屋侧面绕过，进入二进院落，正房一座，左右对称厢房各一座。正房后有后院。一般主轴线上布局的房子多采用硬山抬梁，东西厢房采用囤顶的形式。堂屋有用硬山的，也有用囤顶的。

门房，一般为三至五开间，入口多设在一侧，形成一个与倒座相连的门楼，整体开间为四间或六间。

堂屋，屋顶形式有的是囤顶，有的是硬山，以五开间居多。大型院落里还有在三开间堂屋的左右两侧各左右对称并列三开间的耳房。

厢房，东西各一座，一般三开间。在厢房的山墙博风处，往往有砖雕装饰，图案多为花草。

正房，一般五开间，硬山屋顶，保存较好的可在正脊处看到砖刻花草。一般见不到吻兽，可见此处民居的等级较低。民间有"五正六厢"的说法，即正房可五开间，厢房左右各三开间，共六间。

山海关古城地处北方，冬季寒冷。因此，在现存民居中，烟囱是区别于其他地方民居的一个显著特色。不管是在建筑外观还是在建筑结构上，烟囱的使用都使得山海关内民居建筑体现出不同的特点。

烟囱，一般设置在山墙处，并向外向上伸出，高度一般在 1.2~1.5 米。设置烟囱的山墙，其内部往往是夹空的，形成自然的排烟通道，即室外有烟囱，室内连接炕洞的烟道。以三开间厢房为例，明间（也称当心间）为厨房，设置左右对称的两个灶台，分别连接左右次间的炕台。表现在立面上，一般明间略小，次间略宽。

门窗，多为支摘窗。现存的门窗明清遗留的较少，大部分都经过住户的更换或改装。保留原有形式的门窗多已经换成玻璃材料，个别的还保留了门簪和门窗亮子的木刻花纹。

以前宅院入口处的抱鼓石和门兽多已不存，个别保留的，也是残损不堪，仅西大街 31 号院门前抱鼓石还可窥见其原貌。在山墙墀头、博风或者屋顶正脊处，散见有砖雕雕花，多以牡丹、菊花等为题材，或是蔓草枝蔓，手法、技法较为简单。一般没有吻兽，仅以屋顶正脊两端叠瓦伸出代替。

（五）总兵府遗址①

山海关明代总兵府一堂、二堂等主要建筑遗址已经全部挖掘整理完毕，规模宏大气派。明万历十六年（1588 年）设山海关总兵一职，历任 23 任总兵，抗倭名将戚继光曾驻兵于此。总兵府几经扩建，规模很大。这个总兵府在清代被弃用，中华人民共和国成立后在遗址上建了中学。

明代总兵府史料记载很少，地面遗存也很少，挖掘难度很大。专家组以地表仅有的四个柱础石为参照，以明清建筑特点和规律展开工作，取得了意想不到的效果。经过一个多月的挖掘整理，专家组基本弄清了

---

① 山海关总兵府综合文化旅游景区，坐落于山海关古城西北片区，属河北省政府主导下的"山海关古城保护开发工程"的重要组成部分、河北省"文化一号工程"、河北省"十二五"规划重点文化产业项目，在政府规划中被列为"历史文化展示区"，总占地面积 88.6 亩（59067 平方米），总建筑面积 33743.62 平方米。

总兵府一堂、二堂及东西厢房一些辅助建筑的基础遗址和建筑规模，总兵府的全貌轮廓已经基本摸清。（图 2-11、图 2-12）

图 2-11　山海关总兵府遗址（冯柯 2006 年拍摄）

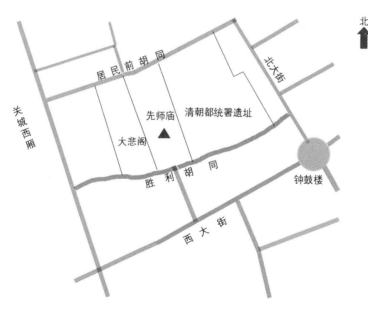

图 2-12　山海关先师庙位置图与总兵府遗址
（清副都统衙署遗址）位置示意简图（冯柯 2016 年绘制）

（六）文庙大成殿

孔庙原名"圣庙"，也称"先师庙"，位于总兵府西侧，明正统十四年（1449年）由山海卫守备王整修建。经多次修缮和增建，至隆庆六年（1572年），已成为一组布局严谨、殿宇层次分明的建筑群，占地面积约12000平方米。

光绪年间《临榆县志》中绘制的完整建筑群（图2-13），现今仅存一座大成殿，建筑为五开间，应该是清代修缮后的风格。建筑已不可进入，为硬山屋顶，门窗为砖石封砌保护。县志中记载，整个建筑群可以分为东中西三个部分：东部是孔庙基本形制，即棂星门—泮池—戟门—大成殿—崇圣殿；中部为学宫，主要建筑为明伦堂；西部为文昌宫，后有正学署。

（1）县志中先师庙记载

资料来源：清·乾隆二十一年（1756年）《临榆县志》

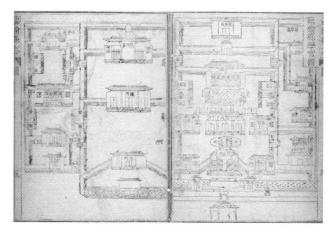

（2）临榆县学宫图

资料来源：清·乾隆二十一年（1756 年）《临榆县志》

（3）大成殿（冯柯拍摄于 2006 年）

图 2-13　山海关先师庙

　　孔庙的主体建筑是大成殿，是祭祀孔子的主殿堂。所谓"大成"，意为"集大成的思想巨擘"。殿内还建有魁星楼、崇圣祠、文昌宫等，是山海关区罕见的具有五百多年历史的祠殿建筑，1984 年被秦皇岛市定为山海关区重点文物保护单位，2001 年被河北省人民政府定为省级文物保护单位。

二、山海关主要街道

光绪年间（1871—1908）的《临榆县志》有一张"县城街巷全图"（图2-14），图中以鼓楼为中心的十字街支撑了城市的布局，其间有南北、东西不同方向的胡同。从图中看，城南民居较为密集，城北建筑布局较为分散。胡同自北向南依次命名为头条胡同、二条胡同直到九条胡同，胡同均为东西走向。城南西侧为官衙及山海仓所在地。这样的布局形态基本保留到了现代。

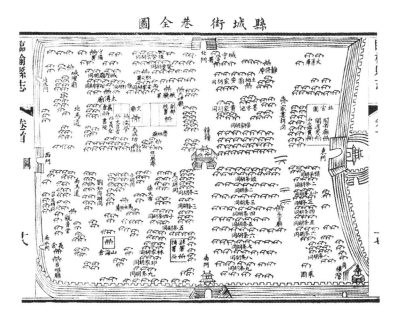

图2-14　县城街巷全图（卢可歆2019年摹绘）

资料来源：清·光绪四年（1878年）《临榆县志》

（一）刘知府胡同

2006年课题组调研测绘了记为"刘知府宅"（保留建筑）的院落，刘知府胡同已经在城市修建中难觅踪迹。

（二）柴禾市

山海关柴禾市，建自明代，县志上注为"柴火市"，已经有六百多年历史，是山海关古城颇具生活烟火气的农贸市场。山海关"柴禾市民俗街"位于河北省秦皇岛市山海关区古城南大街西侧。

山海关建关设卫之初就有了柴禾市，山海关人的生活与柴禾市息息相关，但凡土生土长的山海关人都与柴禾市有或多或少的交集。到了清代，柴禾市日趋繁荣。它横贯古城东西大街，集御道、祭道、贡道、官道、驿道、商道于一体，车水马龙，人流如织（图2-15）。城中富商巨贾云集，商铺票号林立，是连结关内外的商业枢纽和货物集散地，有"拉不败的东三省，填不满的山海关"之誉。东西南三条大街以及钟鼓楼周边是山海关城内的主流商业区，而地处古城西南市井之中的柴禾市，成为山海关商业主流业态的必要补充和古城人日常生活不可或缺的福地。

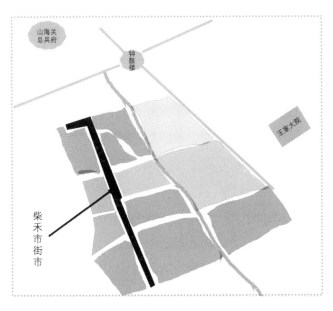

图2-15　柴禾市街市位置示意图（冯柯 2016 年绘制）

柴禾市胡同是在县志中留有名字的一条胡同，与东西向的东几条胡同相交，2018 年后，建成了新的柴禾市街区，以满足旅游需求，并于 2019 年 8 月开市。图 2-15 中的柴禾市是今天山海关街市重新修建的柴禾市集市，2006 年以前这里是当地的一处集贸市场，居民日常所需的货品集市都有售卖，也会有一些活禽出售，是生活烟火气较浓郁的场所。

第三章　明代山海卫衙署建筑研究

明代的相关建筑制度研究主要依据《明史》，具体到山海关地区的部分，则参考《山海关志》① 和不同时期的县志，如明弘治十四年（1501 年）的《永平府志》等。

詹荣② （1500—1551）字仁甫，号角山。明山海卫（今河北省秦皇岛市东北部）人。嘉靖五年（1526 年）登进士。授户部主事，历官户部郎中、右佥都御史、兵部左侍郎。有智略，善应变。督饷大同，值兵变，用计谋平定之，擢光禄少卿。累迁右佥都御史巡抚甘肃，移大同，数败俺答，筑边墙，开屯田。官至兵部左侍郎。有修缮边防破敌功。当署部务，托病乞休，帝怒，夺职闲住。越二年卒。万历中，赠工部尚书。

本书第二章从历史沿革角度简单梳理了古代衙署与职官的脉络，考虑到衙署建筑和当时的职官制度相联系，再将明代职官的相关情况予以说明，取和本章内容关系较紧密的内容。

---

① ［明］詹荣：《山海关志》，嘉靖十三年（1534 年）。
② 《明实录·世宗实录》大卷三百八十。

明代六部①（吏、户、礼、兵、刑、工六个部的总称）的建制和职官的划分是仿效《周礼》六卿制度，在各部之下，根据需要分别设有各级职官，主要有郎中、员外郎、主事等，是部内中层负责人。六部内部机构的设置各有不同，大体说来，吏、礼、兵、工四部主要是按业务性质来分，户部和刑部则按地区划分所辖的界限。明初的六部各设尚书2人、侍郎2人，为各部的正副长官，到洪武十三年（1380年），为集中权力，改为各设尚书1人、侍郎1人。只在民政、财政事务繁重的户部增设侍郎1人。

洪武十四年（1381年）春正月"大将军徐达发燕山等卫屯兵万五千一百人修永平、界岭等三十二关"，同年九月"置北平山海卫指挥使司"，正式建成山海卫，治所在山海关内，令左、右、中、后、中左、中右、中时、中后、山海十千户所，隶属北平都指挥使司。永乐元年（1403年），革北平都司，设留守行都督府，以山海卫直隶后军都督府。宣德五年（1430年），调左、中二千户所于辽东，止领八千户所，原额官军一万员名。②

第一节　明代衙署建筑特点

明代府一级政府机构中设置的主要官员有：知府正四品、同知正五

---

① 六部分别管理国政，分工较为明确。大体上，吏部掌管人事工作，如对职官的挑选、任免、考查和封勋等事；户部掌管民政、财政工作，如户籍、田土、粮税、潜运、盐政、钱钞等事；礼部掌管文教工作及部分对外关系工作，如礼仪、祭祀、筵宴、贡举、宗教、学校以及藩属往来等事；兵部掌管军政工作，如对武职官佐的挑选、任免、考查、升调、袭替、军队的训练调遣、后勤给养、军籍管理、军户钩察、驿站等事；刑部掌管司法行政工作，如审核诉讼、管理狱政、组织秋审会审、解释法律、决囚等事；工部掌管工程修造工作，如营造宫殿、陵寝、城郭、仓廪、衙署、营房和管理水利、交通、匠籍等。
② ［清］康熙八年（1669年）《山海关志》第2卷《地理志·沿革》第4页。

品、通判正六品、推官正七品、经历正八品、知事正九品、照磨从九品。这些官员的办公和居住用房分布在府衙建筑群之中，组成了一个具有一定规模的集办公与居住于一体的建筑组群（图3-1）。府衙建筑沿主轴线为仪门—戒碑—大堂—府衙。在大堂左右分设六科，西侧工刑兵，东侧吏户礼。

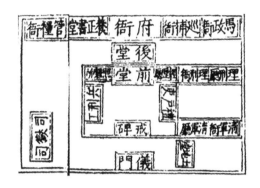

图3-1 明代府衙图基本组成

资料来源：明·嘉靖《河间府志》

耿海珍[①]的研究指出，明代衙署坐北朝南，分为四个单元，整体上看呈"回"形，分中、东、西三路。主体院落群位于衙署中央位置，东、西、北各有狭长的院落将中心院落围合起来。主体院落以大堂为中心，廊道围合，位于衙署中央，组成大堂院，包括大堂以南的仪门和以北的二堂。大堂前东西两侧的吏户礼、兵刑工六房办事机构以及二堂前两侧的厢房，作为办公机构和库设。大堂和仪门之间设戒石亭。围绕这个主体院落，向南自仪门有雨道作为中轴线贯通大堂、大门及门前广场。大门前设牌坊。衙署的东西两路分别围合两个纵长的院落，是吏舍、祠庙、架阁库等办事手下之所。东路南端布置土地祠、衙神庙、寅宾馆，西路南端一般布置监狱、马厩。主体院落北边是东西一列宅院，

---

① 耿海珍：《明清衙署文化与其建筑》，中国艺术研究院硕士学位论文，2011，第18页。

主官宅院位于中间，并列设有"同知宅""县承宅""主簿宅""判官宅"等属官宅院。

一、建筑制度

亲王府制：洪武四年（1371 年）定，城高二丈九尺，正殿基高六尺九寸，正门、前后殿、四门城楼，饰以青绿点金，廊房饰以青黛。四城正门以丹漆，金涂铜钉。宫殿窠栱攒顶，中画蟠螭，饰以金，边画八吉祥花。前后殿座，用红漆金蟠螭，帐用红销金蟠螭。座后壁则画蟠螭、彩云，后改为龙。立山川、社稷、宗庙于王城内。七年定亲王所居殿，前曰承运，中曰圜殿，后曰存心；四城门，南曰端礼，北曰广智，东曰体仁，西曰遵义。太祖曰："使诸王睹名思义，以藩屏帝室。"九年定亲王宫殿、门庑及城门楼，皆覆以青色琉璃瓦。又命中书省臣，惟亲王宫得饰朱红、大青绿，其他居室止饰丹碧。十二年，诸王府告成。其制，中曰承运殿，十一间，后为圜殿，次曰存心殿，各九间。承运殿两庑为左右二殿，自存心、承运，周回两庑，至承运门，为屋百三十八间。殿后为前、中、后三宫，各九间。宫门两厢等室九十九间。王城之外，周垣、西门、堂库等室在其间，凡为宫殿室屋八百间有奇。弘治八年（1495 年）更定王府之制，颇有所增损。

郡王府制：天顺四年（1460 年）定。门楼、厅厢、厨库、米仓等，共数十间而已。

公主府第：洪武五年（1372 年），礼部言："唐、宋公主视正一品，府第并用正一品制度。今拟公主第，厅堂九间，十一架，施花样兽脊，梁、栋、斗栱、檐桷彩色绘饰，惟不用金。正门五间，七架。大门，绿油，铜环。石础、墙砖，镌凿玲珑花样。"从之。

百官第宅：明初，禁官民房屋不许雕刻古帝后、圣贤人物及日月、龙凤、狻猊、麒麟、犀象之形。凡官员任满致仕，与见任同。其父祖有官，身殁，子孙许居父祖房舍。洪武二十六年（1393 年）定制，官员营造房屋，不许歇山转角，重檐重栱，及绘藻井，惟楼居重檐不禁。公侯，前厅七间、两厦，九架。中堂七间，九架。后堂七间，七架。门三间，五架，用金漆及兽面锡环。家庙三间，五架。覆以黑板瓦，脊用花样瓦兽，梁、栋、斗栱、檐桷彩绘饰。门窗、枋柱金漆饰。廊、庑、庖、库从屋，不得过五间，七架。一品、二品，厅堂五间，九架，屋脊用瓦兽，梁、栋、斗栱、檐桷青碧绘饰。门三间，五架，绿油，兽面锡环。三品至五品，厅堂五间，七架，屋脊用瓦兽，梁、栋、檐桷青碧绘饰。门三间，三架，黑油，锡环。六品至九品，厅堂三间，七架，梁、栋饰以土黄。门一间，三架，黑门，铁环。品官房舍，门窗、户牖不得用丹漆。功臣宅舍之后，留空地十丈，左右皆五丈。不许那移军民居止，更不许于宅前后左右多占地，构亭馆，开池塘，以资游眺。三十五年，申明禁制，一品、三品厅堂各七间，六品至九品厅堂梁栋只用粉青饰之。

庶民庐舍：洪武二十六年（1393 年）定制，不过三间，五架，不许用斗栱，饰彩色。三十五年复申禁饬，不许造九五间数，房屋虽至一二十所，随基物力，但不许过三间。正统十二年（1447 年）令稍变通之，庶民房屋架多而间少者，不在禁限。[①]

根据明史中对建筑等级的记载，不同级别官员所用建筑物的开间数、梁架、装饰色彩都有明确的要求。作为卫所的山海关，在明代的职官品阶大抵都在六品之下，故而其衙署包括官员府宅的建筑规制大致如下："厅堂三间，七架，梁、栋饰以土黄。门一间，三架，黑门，铁环。品官房舍，门窗、户牖不得用丹漆"。

---

① 《明史·志（卷 44）·舆服四》。

各个朝代对不同级别官员的建筑在开间、梁架、彩绘等方面都有不同的规定。这些规定有时与建造技术关联性不大，更倾向于一种设立规范建筑形制的约束。

以现存经过修复的明代衙署建筑叶县县衙①为例，简单展示了明代衙署建筑布局（图3-2）。《河南通志》上记载，叶县县衙始建于明代洪

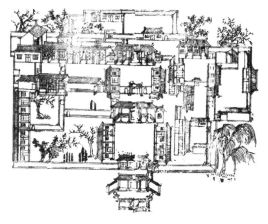

图 3-2　叶县县署图

资料来源：清·同治十年（1871 年）《叶县县志》

武二年（1369 年）。县衙大门下原有明代天启年间（1621—1627）时任叶县县令王者佐修葺县衙的二堂碑记。明嘉靖《叶县志·公署》记述："叶县治，在城内东。正堂、幕厅、架阁库在堂西，库楼在幕厅前，诸吏房在堂前左右。戒石亭在仪门内，鼓楼在仪门外，衙神庙在鼓楼内，东銮驾库在鼓楼内西。知县宅在堂北，县丞宅在堂东，主簿宅在知县宅

---

① 叶县县衙修复工程于 1997 年 12 月 8 日正式开工，1999 年 10 月 1 日主体部分对外开放。2001 年 7 月，县委、县政府决定对县衙东、西副线上的建筑进行全面修复。经过一年多的紧张施工，共拆除县衙周围 112 家住户的房屋 310 间，拆除单位楼房建筑 5 幢，总拆迁面积近 7000 平方米，投入资金 640 万元。整个修复工作严格按照修旧如旧的原则，较好地保留了明清风格。修复后的县衙由大堂、二堂、三堂及所属的东西班房、六科房和东西厢房以及监狱、厨院、知县宅、西群房、虚受堂、思补斋、南北书屋、后花园、大仙祠等组成，共 41 个单元、153 间房屋，是目前国内保存最完整的古代衙署。

东，典史宅在仪门东。吏舍二区：一在典史宅南，一在狱南。狱房在堂西南，厕房在堂西北。申明亭在门外东，旌善亭在门外西。"①

从图 3-3 可以看出的是整个建筑群中不超过五开间，多为三开间。考察明代官职品阶可知，知府为正四品，故按要求，建筑中的厅堂开间最多可做到五间，和图中的表达吻合。

二、衙署建筑群布局

衙署建筑的布局除了遵循建筑等级的规定之外，还呈现出同质现象，这一点已被大多数研究者认同。衙署建筑布局一般都是沿主轴线纵向展开，依次布置影壁、大门、仪门，厅在前，堂在后，官员府宅一般设在衙署后部，有时因为用地所限，也可能设在衙署旁侧（图 3-3）。对于府一级别的官员，其附属官员的衙署及宅地往往分列主线旁侧——东西两厢或者形成独自的跨院，如慈城古镇县衙的官员府宅就建在衙署旁侧。

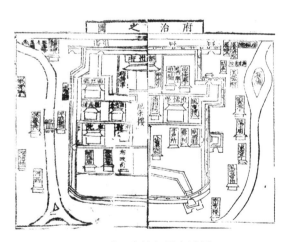

（1）明·嘉靖韶州府治图

资料来源：明·嘉靖二十一年（1542 年）《韶州府志》

---

① 李志龙：《叶县县衙建筑研究》，西安建筑科技大学，2016，第 17—18 页。

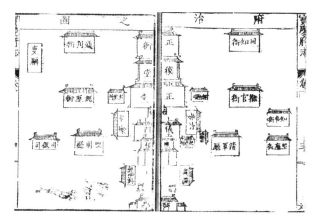

（2）明·隆庆《宝庆府志》中的府治图

资料来源：明·隆庆元年（1567年）《宝庆府志》

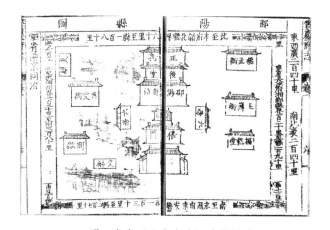

（3）明·隆庆《宝庆府志》中的县治图

资料来源：明·隆庆元年（1567年）《宝庆府志》

图3-3　明代衙署图举例

　　与府衙和州衙相比，县衙的规模最小，建筑也最简单，多为三路多进院落。"州衙建筑的基本构架也是东、中、西三路建筑，中路由大堂庭院和知州宅院组成，东路由寅宾馆、土地祠、吏舍、吏目宅和同知衙组成，西路由州狱、吏舍和判官衙组成。"① （图3-4）

---

① 张艳恒：《河南明清衙署园林研究》，河南农业大学硕士学位论文，2018，第15页。

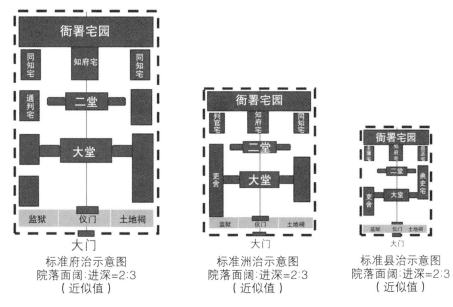

图 3-4　标准府治、州治、县志布局示意图（明）（冯柯 2021 年绘制）

　　"县衙最主要的是中轴线上的建筑，从南至北分布有大门、仪门、大堂、二堂和知县宅。加上仪门左右的土地祠和县狱，大堂前的戒石亭和左右的书吏房，还有西书吏房以西的吏舍，构成了县衙的基本框架。""知县宅东可能有县丞宅，西可能有主簿宅，县丞宅以南可能有典史宅，这些就组成了县衙的基本规制。"[①] 当然，由于各个县官员的设置情况不尽相同，县衙的具体形式也应该有所区别。

第二节　明代山海卫衙署建筑

　　明初建立卫所制的宗旨是维护皇权的稳定和国家的长治久安。其将和兵是分开的，将归府，兵归卫。卫所制度功能比较健全，战与守可进

---

① 张艳恒：《河南明清衙署园林研究》，河南农业大学硕士学位论文，2018，第 15 页。

退自如。进入明中期以后，由于商品经济的发展，卫所制度开始被破坏和瓦解。

明代衙署类建筑在山海卫中的分布居于卫城北部，呈阵列布局，并和一些祠庙（马神庙、城隍庙等）间或排布。此时城中显然以成卫功能为主。（图 3-5）

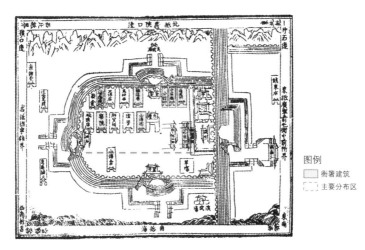

图 3-5　明代嘉靖时期山海卫内衙署类建筑分布示意图（冯柯 2018 年绘制）

资料来源：明·嘉靖十四年（1535 年）詹荣《山海关志》卷三

一、明代山海卫治

今天山海关古城所在位置明代时称为"山海卫治"。根据《永平府志》的记载，其主要构成有兵部分司、卫治、儒学（含学田）。在《山海关志》中，虽没有给出建筑的布置图样，但其文字描述较为详尽，根据其记载也可以简单勾勒出明代山海关（山海卫）的衙署形制建筑格局。

除了卫治，《山海关志》中还有兵部分司的信息。

兵部分司：兵部分司署的地位相当高，它是明王朝唯一在京城之外设立的军事机构，直属明朝兵部管辖。到了明代第五位皇帝明宣宗在位时，因山海关外形势吃紧，于是特地批准在山海关设立全国唯一的兵部分司署，官职为六品，办公地点就在山海关镇东楼的北侧。兵部分司署的负责人称为"主事"，与兵部下属机构的负责人同等级别。所有的主事须由明王朝委派，任期大多为二至三年，"主事"一职多由文官出任。与山海关"总兵"的职务不同，"总兵"仅仅是军事职务，而"主事"还得谋划筑城、安防和管理山海关内的日常事务。

儒学：元、明、清时期，秦皇岛地区先后有永平府儒学、昌黎县儒学、卢龙县儒学、抚宁县儒学和山海关儒学（也称"山海关卫学"），儒学为秦皇岛地区有据可查的最早的官办学校。永平府儒学设在府治北，创建时间无考，元延祐年间（1314—1320）重修，当时有明伦堂五间，东西有斋舍各五间。昌黎县儒学设在县治西南，创建年月无考，元大德四年（1300年）由县尹刘懋重修，当时有明伦堂三间，东西有斋舍三间。卢龙县儒学设在郡城东南，创建于明洪武二年（1369年），当时有明伦堂三间。抚宁县儒学设在县治东南，明洪武十一年（1378年）创建，有明伦堂三间。山海关儒学设在关城文庙西，创建于明正统元年（1436年）。明朝在山海关设卫，也称"卫学"。明正统十四年（1449年），山海关路都指挥史王整与教授张恭建先师庙，有明伦堂五间，东西斋舍各三间，一曰文成，一曰武备，后改为崇德、广业。明成化元年（1465年），都指挥史刘刚又建东西房十间，学舍六间。

儒学学官设置有教授（教谕）和训导。山海关儒学设有教授1人，训导1人。儒学生有固定名额。永平府学设廪生40名，增生40名，一年一贡。岁试取入文童23名，武童20名。科试取入文童23名。卢龙县学设廪生20名，增生20名，三年两贡，岁试取入文童18名，武童15名。科试取入文童18名。山海关卫学设廪生、增生共20名，岁试取入文童17名，武童10名。生员专攻一部儒经，设"礼、律、书"科与

"乐、射、数"科。讲孔孟之道、程朱之学，鼓励学生走科举取士的道路。教学经费及学生学粮，全由学田的租米支付。

社学始于元代。明洪武八年（1375 年），诏令各乡设学校，使民间弟子读御制大诏、法律、政令。明洪武二十年（1387 年）令社学子弟赴京城礼部比试背诵多少，按名次给予赏赐。明正统元年（1436 年）下诏，成绩优异、有志学业的可以补充县学生员。明弘治十七年（1504 年）令各府州县选用优秀师资，15 岁以下少年可送入社学。社学主要讲冠、婚、表、祭等礼仪。明、清仍袭用此名，于各县城、大乡、邑镇设置社学。清康熙九年（1670 年），曾令每乡设社学，挑选有知识、做事谨慎、品行高尚的人，通过考试任命为教师，免除徭役，供伙食费。明弘治十二年（1499 年），兵部分司主事徐朴于山海关城东南角建立社学。明万历十五年（1587 年）主事张栋改建为两处，一在城西门的厢房，一在东门外。

二、文官

文官有权参与总兵的军事任务和管理其他杂务，其官职名目也最多。

（一）参赞军务

明代文官参与总兵的军事活动始于永乐四年（1406 年）。是年七月，成国公朱能，佩征夷将军印充总兵官征安南，兵部尚兵刘镌参赞军务。① 宣德元年（1426 年）四月成山侯王通再次总兵征安南，由尚书陈洽参赞军务。参赞军务是指：其一，参赞者的任务是在智谋筹划、后勤供应、地方协调等方面帮助总兵完成战斗任务，而不做军事上的最后决

---

① 张士尊：《明代总兵制度（下）》，《鞍山师范学院学报（综合版）》1998 年第 3 期，第 13 页。

策。其二，参赞者为皇帝近臣，受皇帝信任和重托，这无形中起到了对总兵行为的监督和约束作用，从而影响军事上的最后决策。沈德符《万历野获编》记载："洪熙元年（1425年），以武弁不娴文墨，选方面部属等官在各总兵处总理文墨，商榷机密，仅称参赞军务。其事寄非抚臣比。"① 沈氏之言还是比较客观的。

（二）巡抚

巡抚之名起于懿文太子陕西之行。"永乐十九年（1421年），遣尚书赛义等二十六人巡行天下，安抚军民。兹后，朝廷常派尚书侍郎卿寺巡抚地方，或名镇守。"② "自宣德五年（1430年）始，加都御史。自景泰四年（1453年）始，巡抚兼军务者，加提督，有总兵的地方，加赞理和参赞。"③ 巡抚之权比参赞之权要大得多。首先，奉敕书节制三司，地方都司卫所均为所辖，军政管理在其直接控制下。其次，对军事活动有决策参与权。由于巡抚来自中央，又经常进京述职，这种参与权要比总兵大得多。最后，巡抚身加宪职，对总兵的军事活动和总兵本人进行监督。

（三）总督

总督之设始于正统六年（1441年）正月征麓川，以兵部尚书王骥总督军务。此后，为解决各镇总兵观望推诿问题，加强两镇或三镇军事行动上的协调，明王朝开始在地方设总督一职，如蓟辽、宣大、三边、二广等。总督的权限超过巡抚，也远远超过总兵。

（四）兵备

兵备之官始置于弘治十二年（1499年），由当时兵部尚书乌文升创议，最早置于九江，其后在全国各地纷纷添设。"其始欲隆其柄以

---

① ［明］沈德符：《元明史料笔记丛刊：万历野获编》，转引自张士尊《明代总兵制度（下）》，《鞍山师范学院学报（综合版）》1998年第3期第14页。
② 同上。
③ ［清］龙文彬：《明会要》卷三十四《职官六》。

钤制武臣，训习战士，用、防不虞。"① 首先，兵备一职多由按察使和分巡官担任，由于其本身有地方管理权与监察权，加强了对将帅的控制，特别是对参将以下将官的控制有很大的强制力。例如，嘉靖时黄云以山东按察司金事整饬开原兵备，"时开原边务久弛，守将尤多贪纵，云缉其用事者绳之以法，不少贷，贪风顿息。云又以虏贼驰突，由边墙倾圯，堡少兵寡也，乃建议抚按，题请筑边墙二百余里"②。其次，兵备直属巡抚，一般来讲设参将处就设兵备，这样在总兵职务系统之外又形成文官的总督巡抚兵备指挥系统，从上到下把总兵牢牢控制在文官的手中。元代与明代时期在山海关任职的官员名单记载于"封赠"条目下（图3-6）。

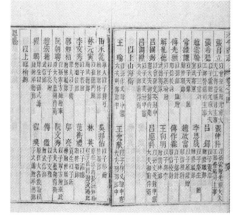

图3-6　封赠（元、明）

资料来源：清·乾隆二十一年（1756年）《临榆县志》

---

① ［明］沈德符：《元明史料笔记丛刊：万历野获编》，转引自张士尊《明代总兵制度（下）》，《鞍山师范学院学报（综合版）》1998年第3期第15页。
② 张士尊：《明代总兵制度（下）》，《鞍山师范学院学报（综合版）》1998年第3期，第14—17页。

三、武备

《明史》载："总兵官、副总兵官、参将、游击将军、守备、把总，无品级，无定员。"①

《万历野获编》记载："国初武事，俱寄之都指挥使司。其后渐设总兵，事权最重……先朝公侯伯专征专者，皆列尚书之上，自总督建后，总兵禀奉约束，即世爵俱不免庭趋。其后渐以流官充总镇，秩位益卑。当督抚到任之初，兜鍪执杖，叩首而出，继易冠带肃谒，乃加礼貌焉。嘉靖中，即尚文位三公，近日李成梁跻五等，亦循此规，不敢逾也。"②

关于总兵，《明会典》有如下记载："凡天下要害处所，专设官统兵镇戍。其总镇一方者曰镇守，独守一路者曰分守，独守一城一堡者曰守备，有与主将同处一城者曰协守。又有备倭、提督、提调、巡视等名。其官称挂印专制者曰总兵，曰参将，曰游击将军，旧制俱于公侯伯、都督、都指挥等内推举充任。"③

对明朝总兵制度的形成，影响最大的是镇戍总兵的出现。明初建立了卫所制度，"分屯设兵，控扼要害，错置京省，统于都司而总隶五军都督府。五府无兵，卫所兵即其兵。屯操、城守、运粮、番易，仿唐府兵遗意"④。洪武七年（1374 年）八月，"申定兵卫之制，征调则统于诸将，无事则散归各卫。管军官员不得擅自调遣，操练抚绥，务在得宜。违者论如律"⑤。以卫所为基础而形成的军事管理系统是小旗、总

---

① 张士尊：《明代总兵制度研究（上）》，《鞍山师范学院学报（综合版）》1997 年第 3 期，第 21 页。
② 同上，第 20 页。
③ 同上。
④ 同上，第 20—21 页。
⑤ 同上，第 21 页。

旗、百户、千户、卫指挥、都指挥、都督。战时，卫所是军事指挥系统；平时，又复归于军政管理系统，两套系统合而为一。

明代总兵制度的形成与明代政治制度有着直接的关系。朱元璋取消行省，地方设布政司、按察司、都指挥使司，民政、军政、监察三权分立，直属中央。这种制度的优势在于加强中央集权，缺陷在于不够灵活，"想当时兵权尚属都司，布、按藐为武吏，若不相干，有司观望，不肯尽力……故窥视者易动，结聚者难除"①。故明朝在洪熙宣德时期对省级行政机构进行改革，由中央直接差遣总兵协调卫所行动。

武官、宦官、文官都参与军事活动，各自形成自己的组织系统。三个系统之间互相监督、互相牵制，形成明代中后期军事活动的特点，而在三个系统中，总兵的权力最弱，地位最低。明代总兵的出身，一是世袭、纳货、纳级，二是武学武举。武官的自身不振也是总兵社会地位降低的重要原因。明代对总兵的抑制，保证了军队牢牢掌握在皇帝手中。直到崇祯末年，明朝还牢牢地控制着军队，控制着地方，没有出现像元末武臣割据那样的局面。

---

① 张士尊：《明代总兵制度研究（上）》，《鞍山师范学院学报（综合版）》1997 年第 3 期第 21 页。

第四章　清代临榆县衙署建筑研究

本章依从清代至民国时期的五本县志，分别为康熙五十年（1711年）《永平府志》、乾隆三十八年（1773年）《永平府志》、光绪十四年（1888年）《临榆县志》以及民国四年（1915年）《临榆县志》来分析不同时期的衙署建筑，根据县志中衙署布局图来分析比较清代山海关衙署建筑布局的变化和建筑组成的异同。

乾隆二年（1737年），废山海卫，析抚宁县（深河以东地区）、滦州置临榆县（治山海关西口，今秦皇岛市山海关区）。永平府领一州八县。乾隆八年（1743年）升遵化州为直隶州（隶属通永道），将永平府的丰润、玉田二县划归遵化直隶州。永平府辖滦州，卢龙、抚宁、昌黎、迁安、乐亭、临榆等一州六县。

清朝仿照明朝设置六部，且鉴于六部职任的重要性，各部几乎都有一个满洲贵族兼摄部务，以此来保证满族对六部的控制。天聪年间（天聪为努尔哈赤后金为大汗时的年号，1626—1636年，对应明朝崇祯年间）在礼、户、兵、工、吏五部各设政四人为部府管长，其中满人二人，蒙、汉各一人。到顺治元年（1644年），六部主要官员一律为满族人。顺治五年（1648年）规定工部内设满汉尚书各一人，满汉侍郎各一人。其余郎中、员外郎、主事等中层司官，也分别规定了满、蒙、汉人的名额。

第一节　清代衙署建筑特点

清代官署由大堂、内宅、六房等单体建筑组成。在规划上，大堂和内宅设于中轴线上。一般官吏办公的场所置于大堂两侧的附属轴线上，如六房、监狱、仓房、书房、库房以及客房等。一般情况下，仪门之后为六房，距离大堂最近，大堂的东侧为吏房、户房、礼房，西侧为兵房、刑房、工房，全部分布于东西轴线上，各置于辅道两侧。仓房、库房等依旧沿中轴线布局，设于中轴线不远之处。

光绪十四年（1888 年）的县志中除了绘制有临榆县衙署图，还有山海关副都统衙署全图（图 4-1），这里的山海关副都统（官名）是清代山海关驻防八旗军政长官，为专城驻防副都统之一，掌驻防旗营军政事务，镇守冲要，绥缉地方。

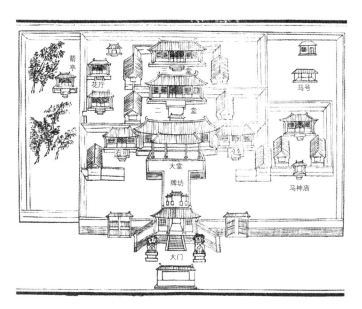

（1）山海关副都统衙署全图

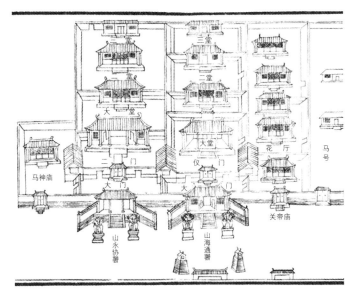

（2）海关道山永协二署全图

图 4-1 清代临榆县不同衙署类建筑布局（卢可歆 2019 年绘制）

资料来源：清·光绪四年（1878 年）高锡畴《临榆县志》

顺治元年（1644 年）山海关置城守尉，康熙二十七年（1688 年）改设总管，乾隆八年（1743 年）改山海关总管为副都统，遂为定制。

额设 1 人，驻扎山海关。下设协领 2 人，佐领、防御、骁骑校各 8 人，笔帖式 2 人，八旗满洲、蒙古领催、马甲 800 人，步甲 300 人，养育兵 60 人。另辖防守尉 3 人：永平府防守尉 1 人，下设防御、骁骑校各 2 人，领催、马甲 100 人；喜峰口防守尉 1 人，下设防御 2 人，骁骑校 4 人，领催、马甲 200 人；冷口防守尉 1 人，下设防御、骁骑校各 2 人，领催、马甲 150 人，以及分驻罗文峪防御 1 人，骁骑校 2 人，领催、马甲 100 人。①

---

① 张士尊：《明代总兵制度（下）》，《鞍山师范学院学报（综合版）》1998 年第 3 期，第 17 页。

　　山海关副都统衙署始建于明洪武十五年（1382 年），明初原为山海卫治署，后为总督军门府衙、山海镇总兵府，乾隆二十一年（1756 年）为副都统衙署。据清光绪四年（1878 年）《临榆县志》卷首图示，副都统衙署布局由南向北依次为影壁、石狮、大门、牌坊、大堂、二堂、三堂等建筑。大堂之前建有"公生明"牌坊（图 4-2）。

　　山海关东门内的兵部分司设于明宣德九年（1434 年），是明代兵部唯一派出在外的军事负责机构。清顺治十五年（1658 年）署衙改为山海路都司署，清道光二十八年（1848 年）改为山永协镇署（此建筑形式或可参考光绪年间县志会有山永协镇署图）（图 4-2）。从图中可以看出，中路为山海道署，西路为山永协署，东路南部为关帝庙，北为花厅，再东有马号，最西为马神庙。对比副都统衙署和山永二协署图可以看出，主线建筑序列基本相同：大门—仪门（牌坊）—大堂—二堂—三堂；附设建筑马神庙的位置出现差别，副都统署马神庙在东侧后连马号，山永二协署马神庙设在西侧与马号并不相连。这些变化可以传达出衙署建筑在主体建筑符合规制的情况下，对非主要建筑的设立可以有一定的自由度。

　　清代《抚宁县志》中绘有抚宁县治图（图 4-2）。对比临榆和抚宁县衙衙署建筑的布局可以看出，主轴线建筑设定基本一致。由于抚宁县和临榆县县衙所在地形不同，其建筑群的东西跨出现差别。抚宁县衙的平面布局更自由一些（平面近似 N 字形），而临榆县衙显得中规中矩（平面矩形）。

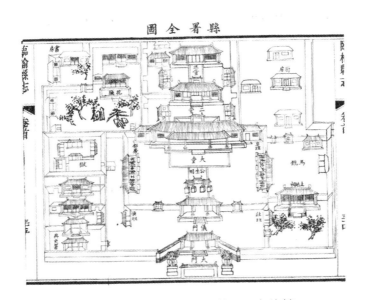

（1）临榆县衙署全图（卢可歆 2019 年绘制）

资料来源：清·光绪四年（1878 年）高锡畴《临榆县志》

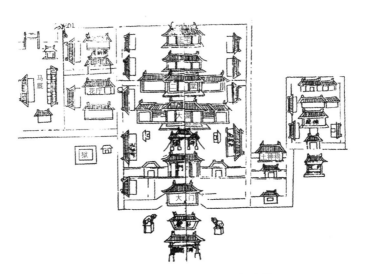

（2）抚宁县治图（冯柯 2018 年绘制）

资料来源：清·光绪十四年（1888 年）《抚宁县志》六卷首一卷

图 4-2　清代秦皇岛地区不同县衙县治图

一、建筑制度

各省文武官皆设衙署，其制，治事之所为大堂、二堂，外为大门、仪门，大门之外为辕门，宴息之所为内室、为群室，吏攒办事之所为科房。官大者规制具备，官小者依次而减，佐贰官复视正印为减；布政使司、盐运使司、粮道、盐道，署侧皆设库；按察使司及府、厅、州、县署侧皆设库、狱；教官署皆依放明伦堂；各府及直隶州皆设考棚；武官之大者，于衙署之外，别设教场、演武厅。①

《清会典》中有关于官署规制的规定："州县衙门……设有六房，即附于州县公堂之左右，使经制胥吏居处其中。各省文武官皆设衙署，其制：治事之所为大堂、二堂，外为大门、仪门，大门之外为辕门；宴息之所为内室、为群室，吏攒办事之所为科房。官大者规制具备，官小者以次而减，佐贰官复视正印为减；布政使司、盐运使司、粮道、盐道，署侧皆设库；按察使司及府、厅、州、县署，署侧皆设库狱。"地方官衙建造必须严格依照此规制，虽在形态和占地面积上会有所不同，但总体布局大致相同。

清代规定，京师部级衙门（一、二品）规模为 1.82~2 公顷（27~30 亩），寺、监院级衙门（三、四品）为 0.6~1 公顷（9~15 亩），且均不带官眷住所。② 在《钦定大清会典·工部》中对各级衙署规模与功能布置也做了较为模糊的记述，指出各级城市，不论是府城、州城还是县城，都应当设置衙署。衙署规模大小依官秩衙署具体职能设置，如粮道、盐道衙署旁可设仓库，按察使司以及府、厅、州、县各级衙署可设仓库与监狱，教官衙署都紧靠明伦堂设置，各州（包括直隶州）均设

① 王云五主编：《万有文库·清会典》，商务印书馆，1936，第 678—689 页。
② 姚柯楠、李陈广：《衙门建筑源流及规制考略》，《中原文物》2005 年第 3 期，第 84—86 页。

考棚，武官衙署可另设教场、演武厅等。

按照《钦定大清律例》的规定，将一品和二品、三品至五品、六品至九品官员府宅的厅堂建筑标准分别提高为七间九架、五间七架、三间七架。大门的规模较明时不变。在建筑色彩上，一品和二品官员可使用和玺彩画、绿油兽面铜环；二品至五品官员可使用青碧绘饰、黑油兽面摆锡环；六品至九品官员可使用土黄刷饰、黑油铁环。

二、建筑布局

山海关城（临榆县）历经明清的修建扩建，根据县志记载，到光绪四年（1878年），山海关城东西有罗城，东侧向渤海延伸是长城老龙头段，建有澄海楼。清代将山海关设为临榆县后，县城内的衙署类建筑主要分布在城内较为中心的地方（图4-3）。关城内中心为鼓楼，县志所绘县署、副都统署以及山永二协署分别在鼓楼的南侧、东侧以及西侧。这些应该是清代临榆县内主要的衙署建筑。此外，图中还可见山海仓、义仓各一处。（图4-4）

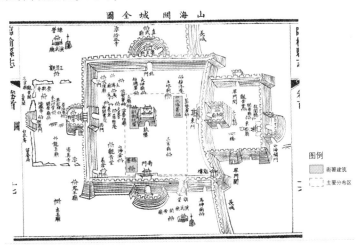

图4-3　清代临榆县衙署类建筑分布示意图（冯柯2018年绘制）

资料来源：清·光绪四年（1878年）高锡畴《临榆县志》

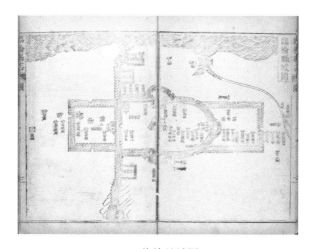

（1）临榆县城图

资料来源：清·乾隆二十一年（1756 年）《临榆县志》

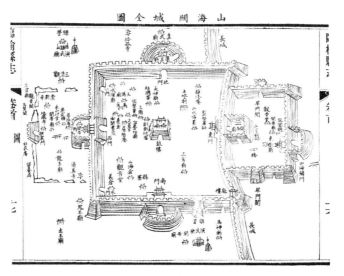

（2）山海关城全图（卢可歆 2019 年绘制）

资料来源：清·光绪四年（1878 年）高锡畴《临榆县志》

图 4-4　清代山海关城图

第二节　清代临榆县衙署建筑

　　根据光绪四年（1878年）的《临榆县志》中所绘县署全图（图4-5），整组建筑群大体可以分为三路，中路为主轴，依次布置衙署公堂。影壁与大门相望。大门为八字形平面，门前有石狮一对。大门之后是仪门，仪门左右两侧有小门，分别是俗称的"生门""死门"。仪门北有一座"公生明"牌坊，牌坊为四柱三间牌楼。

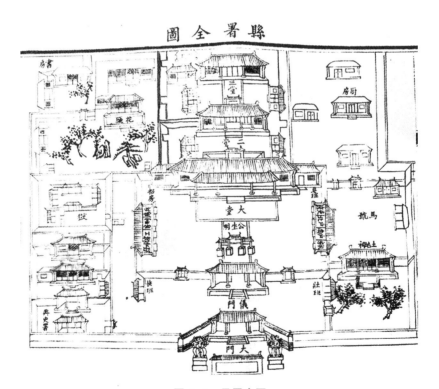

图4-5　县署全图

资料来源：清·光绪四年（1878年）高锡畴《临榆县志》

　　办公区域主要有大堂、二堂、三堂，依次自南向北排列。大堂为前

117

卷后殿勾连搭形式，三开间卷棚接五开间硬山大堂，东西有耳房，分别称为"皂班""快班"。大堂南侧伸出月台，连接南侧牌坊至仪门，地面形成甬道或穿廊（需要通过建筑遗址考证）。根据县署全图的展示，县署大堂带有月台，其南侧设有六房（即对应中央衙署六部的地方上的办公机构，建筑上称为兵房、刑房、工房、吏房、户房、礼房）。西侧建筑开间四间，从南至北各间名字为承发、工房、刑房、兵房。东侧建筑开间四间，从南至北各间名字为礼房、南户、北户、吏房。二堂、三堂两侧均设有东西厢房，厢房建筑为三开间。

西路南侧为典狱署，包括监狱，北侧为花厅，内有书房。东路南侧为土地祠，中为马号，北侧为厨房。其中，土地祠为三开间建筑，县署全图的东南角上为厨房院落部分，绘有建筑四座，其中标注厨房的建筑是三开间硬山建筑。在土地祠和花厅两组院落内有植物。通过县署全图分析发现，整个建筑组群序列秩序清晰，职能建筑完备，可以说是较为标准的衙署建筑模式。

根据清乾隆二十一年（1756年）的《临榆县志》记载（图4-6），衙署分东、中、西三路，中路序列秩序井然。

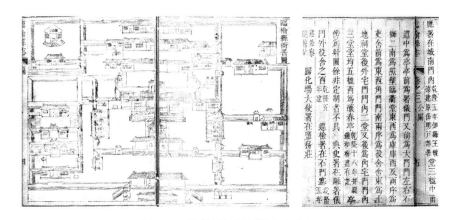

图4-6 临榆县衙署图及文字介绍

资料来源：清·乾隆二十一年（1756年）《临榆县志》

对比乾隆二十一年（1756 年）与光绪四年（1878 年）的县志县署图，可以发现县署建筑群发生了改变。比较明显的是在乾隆二十一年（1756 年）的县署图中，大堂后面有联排房子，其中第二排房子还带有耳房，但此图中的酿春亭在光绪四年（1878 年）的县署图中变成了带书房的花厅。从图中建筑数量可以推测，从乾隆到光绪年间，衙署的主体建筑数量变少，建筑面积变大，附属建筑多有增加，比较明显的是厨房院内建筑增多，这或许可以间接说明建筑组群内可容纳的人数有所增加。

一、县衙

通过上文的分析可知，临榆县县署的建筑组群构成可以分为三部分，即东中西三路，具有办公和政务处理职能的建筑主要集中在中路，西路为典狱署和监狱，东路为土地祠和马号。临榆县内主要衙署类建筑有三所，即县署建筑、副都统署以及山永协署。

及至近代，因为时代变革，衙署建筑的格局也发生了些许变化（图 4-7）。1925 年编纂的《临榆县志》，将副都统署改称"旧都统署"，都统署的西侧增设了"山海关两等小学校"。学校内建筑的东西配房几乎都是囤顶式建筑。这应该是近代意义上的新式学校，和之前的府学、县学不同。

119

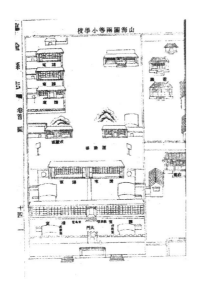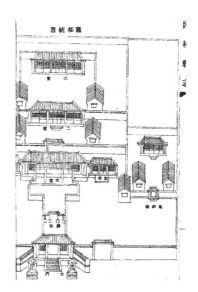

图 4-7　旧都统署与山海关两等小学校图

资料来源：1925 年《临榆县志》

二、文官

满洲旧无文字，有之自太祖始。按实录，明万历二十七年（1599
年）己亥二月太祖以蒙古字制国语创立满文行国中命"额尔德尼榜式"
"大海榜式"，立字母十二，名曰十二兀柱。头其法与汉反。或一语为
一字，或数语为一字，意尽则以两点节之。点撇仿佛汉隶，盖蒙古字本
从隶书，变出五代。史云：增损隶书之半，以代刻木之约，此之
谓也。①

清代省一级地方行政制度基本沿用了明中叶以后由总督、巡抚统领
省政的制度。最初设总督，亦属专派，渐次各省均设，遂成定员，乃为

---

① ［清］林佶：《全辽备考》，辽海书局，1912—1918 年间。

统辖一省或数省的封疆大吏，是为管理该地方最高之军政长官。

总督为正二品官员，加尚书衔者为从一品，清代设直隶、两江、闽浙、两湖、陕甘、两广、四川、云贵八地总督。其职能为"掌厘治军民，综治文武，察举官吏，修伤封疆"。总督为独任官，不设佐杂官吏。事实上，总督衙门作为地方最高军政长官的驻所，不仅有一批办事人员，而且有一套机构。

总督衙门中的办事人员大抵可分为幕客、青吏和衙役三类：幕客即师爷，有的充当总督的参谋顾问，有的分管某项具体工作，是总督衙门中高级办事人员或出谋划策者；青吏是衙门中承办某项事务或办理文书的吏员，在衙门中不参加决策，只是幕客之下的具体办事人员；衙役是衙门中专司拘提人犯奔走的人员。总督衙门的办事机构为吏、户、礼、兵、刑、工六房，上与中央六部相对口，下可通过布政、按察二司等机构指挥各府、州、县的事务。

清乾隆二年（1737 年）设临榆县后，历任知县及府儒学教授人员名单在县志中都有记载（图 4-8）。

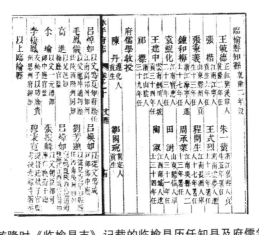

图 4-8　乾隆时《临榆县志》记载的临榆县历任知县及府儒学教授名单

资料来源：清·乾隆二十一年（1756 年）《临榆县志》

三、武备

在清朝，一般被封为将军的人都是八旗子弟中立过大功的军队首领，如盛京将军、伊犁将军、广州将军等（全国共 14 个将军：盛京、吉林、黑龙江、绥远城、江宁、福州、杭州、荆州、西安、宁夏、伊犁、成都、广州、乌里雅苏台），相当于现在的大军区司令。其官职品级为从一品，不受地方节制，直接听命于皇帝。战时，朝廷也会封军队统帅为将军，如抚远大将军、靖远大将军等，这是一种临时性的封号，一旦战争结束就会撤销，而且不是常设的。还有一种将军封号专属于宗室，即镇国将军、辅国将军等。这些封号为宗室特有，并非实际职务。

提督是省级行政单位的最高武官职位，专为汉族军队所设，即绿营兵，如广西提督、安徽提督等，还有水师提督、九门提督，其级别相当于现在的省军区司令。提督的官品是从一品，比总兵的品级高（总兵为正二品）。但是在清朝，从一品的提督受制于从二品或正二品的总督和巡抚，也就是说，战时，提督要听从总督和巡抚的调遣和指挥。

都统是专属于满族人的武官职位，从品级上来说与将军、提督平级，都是从一品。但是都统的特殊性在于，它是由清王朝最初的八旗旗主转化而来，其政治地位要高于将军和提督。比如，同样属于正蓝旗，都统的政治地位就比同旗籍的将军要高，而且都统被授予领侍卫内大臣封号，即为正一品。都统掌握着清王朝的根本，直接听命于皇帝，故而能够担任都统的人基本上都能入阁拜相。

清朝官员服饰上的补心图案也反映出当时的官职序列等级的不同及职级的高低。（图4-9、图4-10）

文官：一品仙鹤，二品锦鸡，三品孔雀，四品云雁，五品白鹇，六品鹭鸶，七品鸂鶒，八品鹌鹑，九品练雀。

武官：一品麒麟，二品狮子，三品豹，四品虎，五品熊罴，六品彪，七品、八品犀牛，九品海马。

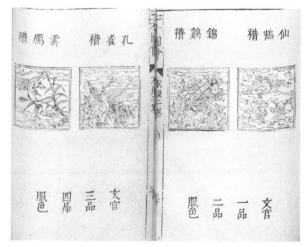

（1）文官

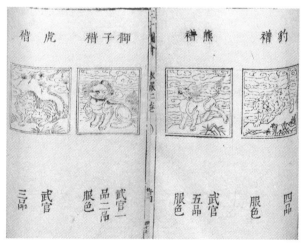

（2）武官

图4-9　明代文官、武官官服补心图案举例

资料来源：明·王圻：《三才图会·衣服》①

---

① ［明］王圻：《清乾隆时期槐荫草堂刊》，《武官》第33—34页，《文官》第20—21页。

（1）清代官员朝服塑像展示　　　　　　　（2）文官冬季朝服补心

图 4-10　清代官员朝服样例（冯柯 2024 年拍摄）

第五章　明清山海关衙署建筑研究

山海关地理位置特殊，在明清两代具有不同的历史意义。本章以明詹荣《山海关志》及清高锡畴《临榆县志》为主要史料，参考康熙八年（1669年）《山海关志》等相关志书，从官衙类建筑的不同称谓、建筑组成以及建筑布局三个方面进行了梳理和归纳，比较了明清时期山海关的衙署建筑变迁，并对衙署建筑的格局形制进行了研究，得出山海关地区衙署建筑主要包含公、私两个部分：公为官厅，沿中轴线依次为照壁、大门、仪门、大堂、二堂，左右东西序列为六部用房；私为官邸或宅园。

第一节　山海关衙署类建筑的历史记载

一、明清衙署建筑概说

根据相关文献的记载，明初时衙署的主要建筑布局分为两个部分：治所与宅园。治所主轴依次分布大门、仪门、大堂、二堂等，宅园一般为官员居所和家眷所居之处。

　　明代河间府府城图简明扼要地绘制了府衙轴线上的建筑序列（图5-1）；清代永平府府治图不但绘出了衙署办公序列的建筑，而且绘出了官员居住的宅院情况（图5-2）。

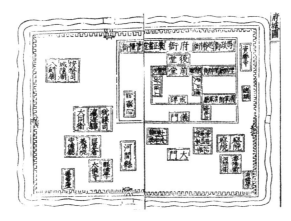

图 5-1　河间府府城图（明）

资料来源：明·嘉靖庚子年（1540 年）《河间府志》

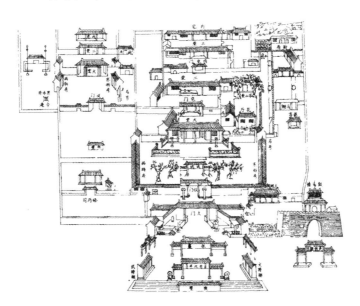

图 5-2　永平府府治图（清）

资料来源：清·光绪五年（1879 年）《永平府志》

通常构成衙署的主要建筑类型有大堂、后堂、花厅、签押房、幕厅、六房、三班、监狱以及大门、仪门、宅门等。

通过对明代衙署的研究和资料研读，有学者指出，明代在洪武年间（1368—1398）对多地衙署进行重新修建或设立，称为"洪武定制"①。彼时山海关创建也在这个历史时期。到了嘉靖年间（1522—1566），衙署规制统一，称为"嘉靖定制"②（图5-3）。

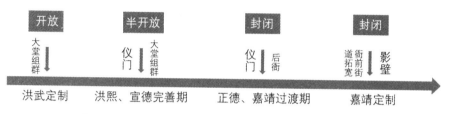

图5-3 明代衙署建筑形制变迁图（冯柯2015年绘制）

目前可以找到的较早的山海关县志是嘉靖年间（1522—1566）詹荣所编的县志（图5-4），与此较为符合。其轴线序列上建筑依次为影壁、大门、仪门、大堂、二堂、三堂及至私宅。

光绪《永平府志》记载，永平府属在城中平山上，明洪武二年（1369年）建。大堂东经历司（今改为官厅），次库西照磨所（裁），次架阁库。前抱厦露台缭以短墙，中甬道，戒石牌亭前，仪门两翼。东署门，次八房，次銮驾库。西署门，次八房，次大润库。大堂后为穿堂（今改为宅门），入为二堂，左为花厅，北为内宅，东为理刑庭（今改为幕厅）。③ 明清不同时期永平府建筑的称谓变化见表5-1。

---

① 柏桦：《明代州县衙署的建制与州县政治体制》，《史学集刊》1995年第4期第17—18页。学者柏桦认为：在洪武年间（1368—1398），州县衙署的建筑格局发生了根本变化，与前代也有了明显的区别，故可以称之为"洪武定制"。

② 柏桦：《明代州县衙署的建制与州县政治体制》，《史学集刊》1995年第4期第19页。学者柏桦认为：在嘉靖年间（1522—1566），几乎所有的州县都对衙署进行了修扩建，而且是严格按照一定的规制进行的，从此，明代的州县衙署规制化一，其后鲜有改变，且一直影响到清代的州县衙署建筑格局，将之称为"嘉靖定制"。

③ 董耀会：《秦皇岛历代志书校注》，中国审计出版社，2001，第125—126页。

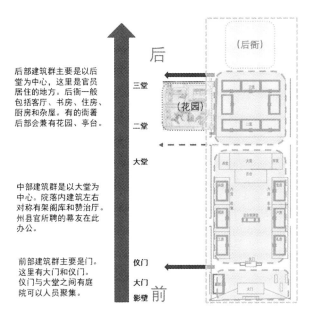

后部建筑群主要是以后堂为中心，这里是官员居住的地方。后衙一般包括客厅、书房、住房、厨房和杂屋。有的衙署后部会兼有花园、亭台。

中部建筑群是以大堂为中心。院落内建筑左右对称有架阁库和赞治厅。州县官所聘的幕友在此办公。

前部建筑群主要是门。这里有大门和仪门。仪门与大堂之间有庭院可以人员聚集。

图 5-4　明代衙署建筑布局分析图（冯柯 2015 年绘制）

资料来源：清·高锡畴《临榆县志》

表 5-1　永平府建筑明清不同称谓简表（冯柯绘制）

明代称谓	清代称谓
穿堂	宅门
架阁库	架阁库
西照磨所	裁撤
大堂	官厅

二、明清衙署建筑的区别

衙署是中国古代官吏办理公务的处所，有中央衙署和地方衙署之分。（表 5-2）

表 5-2 中央衙署与地方衙署举例（冯柯绘制）

项目	中央衙署	地方衙署
释名	隶属并直接受朝廷管辖的机关单位。	中央管辖下的地方政权基层单位。
举例	秦代的"三公""九卿"； 汉代的"尚书台"； 宋代的"政事堂""枢密院"； 明清的"六部"等。	秦朝的"郡衙""县衙"； 唐代的"道衙""州衙""县衙"； 明清时期的"省衙""府衙""州衙""县衙"。

　　衙署建筑的主要组成部分，是官廨府邸以及花园、箭亭等游憩宴乐之所。关于衙署建筑的用地规模，姚柯楠的研究认为，"清代规定：京师部级衙门（一、二品官衙）规模为 1.82～2 公顷（27～30 亩），寺、监、院级衙门（三、四品官衙）规模为 0.6～1 公顷（9～15 亩），以上规定均不带官眷住所"。[1] 据《顺天府志》记载，顺天府为三品官衙，带官眷住所，全部衙署面积占地 19 亩。[2]

　　在建筑的等级规定上，《大清律例》将一、二品官厅堂由明代的五间九架青碧绘饰，提高为七间九架可以彩绘，"三品至五品官，厅堂五间九架，正门三间五架"[3]。

第二节　明清时期山海关衙署建筑比较研究

　　为显示等级差别，各级衙署的中心建筑（大堂）的间架结构、绘饰纹样，甚至屋面兽吻等装饰物，都有严格规定，不得僭越。明洪武二十六年（1393 年）规制，官员营造房屋不许用歇山转角、重檐重栱及绘藻井图案，唯楼房不禁。一、二品官员厅堂五间九架，允许用瓦兽，

---

① 姚柯楠、李陈广：《衙门建筑源流及规制考略》，《中原文物》2005 年第 3 期，第 85 页。
② 同上。
③ ［清］杨懋珩等撰：《钦定大清会典》卷五十八，乾隆二十九年（1764 年）。

梁栋、斗栱等木构件青碧绘饰，门三间，绿油兽面锡环；三至五品官，厅堂五间七架，许用瓦兽，木构件青碧绘饰，门三间，黑油锡环；六至九品官，厅堂三间七架，梁栋饰以土黄，门一间，黑油铁环。清代沿用明代制度。随着封建社会后期皇宫建筑规格的提高，地方衙署主体建筑和其他一些建筑的规格也有所提高。（表5-3）

表5-3　明清不同时期地方衙署建筑等级比较简表（冯柯绘制）

品级	明代建筑				清代建筑			
	间架	彩绘	屋脊	门环	间架	彩绘	屋脊	门环
一品、二品	五间九架	青碧绘饰	瓦兽	绿油锡环	七间九架	和玺彩画	花样兽吻	绿油铜环
三至五品	五间七架	青碧绘饰	瓦兽	黑油锡环	五间七架	青碧绘饰	兽吻	黑油锡环
六至九品	三间七架	土黄刷饰	瓦兽	黑油锡环	三间七架	土黄刷饰	兽吻	黑油铁环

如果对衙署建筑区分功能，则其可以分为交通联系、办公行政、生活休憩、宣教惩戒、祭祀等组成要素（图5-5）。

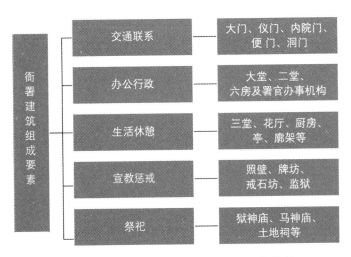

图5-5　衙署建筑组成简表（冯柯2018年绘制）

一、分析比较

对比明清两朝不同的县志记载可以发现，明清衙署建筑的空间布局是有区别的。以山海关为例，明代的城市内建筑相对较少，布局较为规矩；清代临榆县城内建筑明显增多，尤其是一些宅院，这些宅院间的空间形成胡同和街巷。有些街巷或胡同的命名反映了其与衙署建筑的相关性，如"刘知府胡同"。这个名字至少给出了两个信息：其一，知府宅院的位置，这里曾经是知府宅地所在；其二，知府姓刘。

（一）衙署构成

秦皇岛地区明代为永平府辖，永平府所在为今天的卢龙县。明代弘治年间（1488—1505）《永平府志》上记载的府治图，尽管原图较为模糊，还是可以看到府治级别的城市布局概况。

1. 明代

据明詹荣《山海关志》[①] 的记载，相关的公廨（类似今天的政府机构）有兵部分司、守备衙、察院、公馆、卫治、儒学、山海仓等。

"鼓楼之右，中为正厅，厅左为经历司，厅右为镇司。厅俱南向，厅前东西为六房承发科架阁库前为仪门、中门，中门之外东为右所。前所后所卫狱。西为中左所，中右所，山海所中前所，中后所，又前为大门，最后为后堂。厅西廊后为经历知事廨。"[②]

从这段记载可以推测出明代卫治的大体位置及布局。这段文字记载，有些地方字迹模糊，无法辨认，如"镇□司"，只能依稀可辨缺失文字为木旁，本字待考。有几句话比较拗口，如"西为中左所，中右所，山海所中前所，中后所"，虽能指明位置，却不能明确其称谓。从

---

① ［明］詹荣：《山海关志》，嘉靖十四年（1535 年）。
② 同上。

文字描述中可以得出两个信息：第一，卫治在整个关城中的位置，即"鼓楼之右"；第二，卫治的建筑布局。其示意图如图 5-6 所示。按此绘制的明代山海卫衙署布局简图如图 5-7 所示。

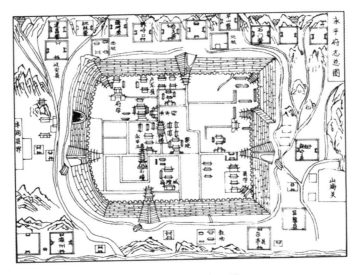

图 5-6　永平府志总图

资料来源：明·弘治十四年（1501 年）《永平府志》天一阁藏书

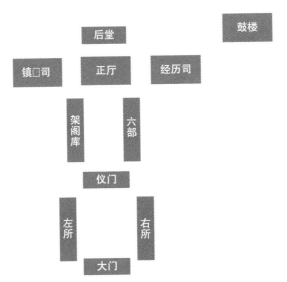

图 5-7　明代山海卫衙署布局简图（冯柯 2018 年绘制）

2. 清代

清康熙五十年（1711年）《永平府志》记载："山海卫在府城东一百七十里。东至辽前屯卫中前所三十里，至奉天府八百里。西至抚宁县一百里，至京师七百里。南至海十里。北至义院口关八十里。"① 又有记载："山海卫治在镇城西门内，前代建修年月无考。州县戒石、仪门、大门方位、六房、旌善、申明二亭，视府而制有差。其堂坊各有石，名更不常，并非定制不具。"②

根据清光绪《永平府志》卷三十五的记载，所设立的临榆县署在城南门外，乾隆五年（1740年）由知县王毓德建，原系明户部署堂，东西为库，库西及两序为吏舍。仪门外为役舍，东为土地祠堂，后为宅门，为二堂。又后为内宅。西为酿春亭，知县钟和梅建。乾隆三十七年（1772年）陶淑修葺，增建花厅。临榆县衙布置如图5-8所示。

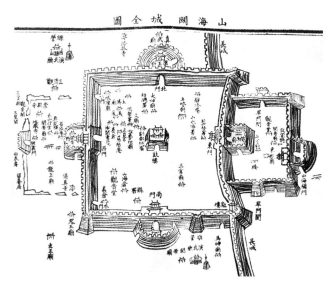

图5-8　清代山海关城全图

资料来源：清·光绪四年（1878年）《临榆县志》

---

① 董耀会：《秦皇岛历代志书校注》，中国审计出版社，2001，第138页。
② 同上，第124页。

（二）建筑布局

1. 明代

根据县志的记载，可以推测明代衙署建筑的布局较为简单，沿轴线依次为大门、仪门、正厅与后堂。正厅两侧为镇□司和经历司，大门与仪门之间的东西建筑为左所、右所，仪门和正厅之间的东西建筑分别为六部与架阁库。明代时衙署建筑位于鼓楼的西南侧。

2. 清代

清代临榆县不同时期的县志为我们留下了比较清晰的衙署全图，其主体建筑包括影壁、大门、仪门、牌坊、大堂、二堂、三堂，附属建筑包括花厅、马号、马神庙、监狱等。主体建筑的开间多为三开间至五开间，一般不超过五开间。

二、原因探析

山海关从明代初年设卫以来，发展成军事重镇，随着政权更迭，变为市民乡镇，其城内的建筑设置均有变化，特别是衙署建筑的设置变化更能体现出历史变迁。追溯其变化原因，笔者认为主要有两个方面：一是随着环境和时代的变化，其从明初的防御型城市转变为政权保护边防，再被纳入新的城市体系中，其军事功能渐次减弱；二是明清两朝政权统治者的立场不同，因此在建制的设立和要求上也是不同的，其职能由军事重镇的卫治转变为行政职能的县治。

第三节　山海关衙署建筑与城市空间的关系

作为明代城市空间构成中的一个重要组成部分，等级不同的衙署建筑在其所在的城市中具有十分重要的地位。这些建筑大多处于一座城市的中心，代表了政府的权威。除了当地可能存在的王府建筑或比较重要的寺庙建筑之外，其建筑等级在所处城市或城镇中应该是最高的。因此，这一探索性研究对于我们了解明代地方城市的建筑布局与建筑空间形式具有十分重要的意义。

一、明代

明代关城内的民用建筑较少，所以在县志等文献中很少看到有关民房的绘图，城主要用于军事防御，相关的衙署类建筑及祠庙一般处于城中偏北的位置，且各个建筑之间距离较近，显得紧凑。城中除了衙署建筑也有很多先贤祠庙或者神庙，如真武庙、马王庙、城隍庙等。（图5-9）

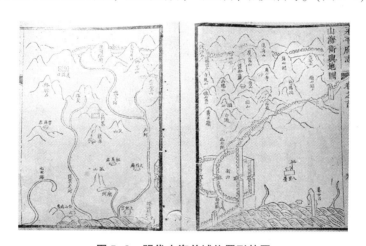

图5-9 明代山海关城位置形势图

资料来源：明·嘉靖十四年（1535年）詹荣《山海关志》

正如前文所说，明代衙署建筑位于城中心偏北之处（图5-10），大概因为当时山海卫是防御性城市。山海关设卫初期，城内人口以戍边将士及其部分家眷为主，常驻人口相对较少。

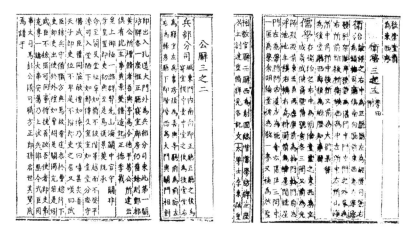

图 5-10　兵部分司、卫治、儒学

资料来源：明·嘉靖十四年（1535 年）詹荣《山海关志》卷三

二、清代

清代《永平府志》中绘制的临榆县舆地图是当时山海关地理环境的示意图（图 2-7）。县志中的街巷图则显示出这个时期关城的民居建筑多了起来，城内胡同交错，衙署建筑位于城南，在鼓楼的西南侧。例如，柴禾市胡同就赫然标注于图纸中。明代较为集中的衙署类建筑在清代成为书院或儒学的场所，城市的军事功能明显降低。城内的关帝庙明显增多，除了主城区内有关帝庙，各个罗城内也有关帝庙。

同明代相比，清代山海关城南的建筑逐渐增多并且密集起来，主要的衙署建筑南移，与明代相比，整个关城布局南北更均衡，尤其是将县署移至鼓楼南侧，和民居区距离较近。清中晚期后，山海关城内形成民居片区，民居之间以胡同相隔，城内人口数量明显增多。这也是山海关城从边防重镇转变为民生县城的一个反映。

由于政权更替后疆域发生变化，山海关的军事地位有所下降，这也是山海关城市布局发生变化的一个客观因素。

结论与展望

衙署建筑是中国古代城市建筑的重要组成部分，也是我国古代一种重要的建筑类型。因此，对其建筑的历史沿革、布局功能以及具体的建筑风格、特色、分布规律、历史内涵等加以较系统的探讨和研究是一个重要课题，尤其在此类建筑遗构较少的当代，显得尤为重要。

本书从古代衙署建筑的发展演变谈起，聚焦山海关地区在明清不同时期衙署建筑的比较研究。从衙署的由来、职官变迁与衙署的关系和衙署等级制度的演变等方面综述了衙署的历史沿革，从地方城市的构成和衙署对城市构成的影响分析了衙署与城市的关系，从历史文化着眼综述了明清时期的职官制度，并就明清两代衙署的种类和规制等级从历史文献方面进行了较为详细的研究。

本书选取山海关衙署为研究对象，以明代詹荣《山海关志》和清代高锡畴《临榆县志》为基础文献资料，对比研究了明清不同时期的山海关衙署建筑。从衙署类建筑的不同称谓、建筑组成以及建筑布局三个方面进行梳理和归纳，比较了明清时期山海关的衙署建筑变迁，并对衙署建筑的格局形制进行了研究，得出了如下结论：

1. 从城市规划角度看，衙署建筑在山海关城内的位置变化不大。

2. 山海关衙署建筑的地位在明清两朝并不完全相同。明代以军事防御功能为主，属于军事重镇；清代逐步转变为行政县，军事功能弱化。明代的衙署建筑呈分列布局，各职能部门建筑分列。清代的衙署建筑布局沿着主轴线左右对称布局，且轴线上建筑布局按照规定的序列，即照壁、大门、仪门、大堂、二堂依次排列。

3. 山海关衙署建筑的空间布局在明清两朝皆有变化。相比较而言，清代衙署建筑的规模略大，建筑的名称也不尽相同。

4. 山海关地区衙署建筑主要包括两个部分：官厅部分与宅邸部分。官厅部分沿主轴线的建筑大体一致，依次为照壁、大门、仪门、大堂、二堂，左右序列为六部用房分列东西两侧。

衙署的建筑布局在形成一定分布规律的同时，主要受以下四个方面的制约：

1. 总体建筑布局在基址选择、房屋分布、各单体建筑的使用功能上都受到古代堪舆学说的影响。

2. 明清时期衙署建筑形制和风格都受到有关制度的制约。衙署作为明清时期地方最高权力机关，采用了我国传统的基本院落布局，纵向安排多进院落，横向扩展为多路院落。其具体的形制、体量、装修、彩绘等也日趋复杂。尤其明清以来，多数衙署建筑布局为前堂后宅（又称"前衙后寝"，即办公与居住合一的纵轴线布局方式），同时力求使各层院落及房屋在功能分配上内外有别，尊卑有序，从而贯穿和体现严格的封建等级观念。

3. 明清时期衙署的建筑布局，在受皇家宫殿建筑规制影响的同时，也受到了地方建筑甚至是民居的影响。作为衙署建筑建造者的工匠，将当地的习惯做法乃至个人对建筑的理解，都融入衙署建筑中，因此不同地方的衙署建筑都蕴含着丰富的地方建筑文化信息。

4. 由于衙署的使用者，即当地的最高行政长官，受到任期的限制，不可能将衙署作为自己永久居住和生活的私宅，所以衙署建筑只能修缮，很少会另选基址重造。衙署建筑在不同时期历次修建和改建中，各地方的工匠由于师承各异，所采用的建筑材料、做法及工艺也并不完全一致。因此，现今保留的衙署建筑，都集历朝特色于一身，融南北手法于一署，从而进一步丰富了衙署建筑的建筑内涵。

　　本研究囿于山海关地区并没有遗存下来的衙署建筑实物，对建筑形制的研究无法深入，更缺少实物证实，只能通过文献记载和同时期不同地区的相似建筑进行类比研究。未来如果能有相关衙署营造的文档或记录出现，这部分研究可以再深入一步。通过对县志的研读发现，山海关的官署类建筑并不局限于衙署一类，换句话说，衙署建筑只是繁杂建筑制度体系中的一种，还有很多其他类的建筑也亟待学者研究，如文中提到的总兵府（明）、山永协署（清）等，以及县志、古代地图有显示而本书未研究的山海仓（清）、马政衙（明）等。

附　录

一、官不修衙的文化现象

古代衙署保存全貌者较少，残破或改建他用、面目全非者较多，主要有以下两个原因：一是制度上的约束，二是官不修衙的传统。

《明会典·公廨》："太祖洪武二十六年（1393 年）定，凡在京文武衙门、公廨，如遇起盖及修理者，所用竹、木、砖、瓦、灰、石、人匠等项，或官为出办，或移咨刑部、都察院，差拨囚徒，着令自办物料、人工修造，果有系干动众，奏闻施行。"①

按照"官不修衙，客不修店"的传统，新官上任后往往可募集钱财大修寺庙，然后刻碑留名以垂千古。修建衙署则有营私舞弊之嫌，又因官制制度的要求，官吏考虑到不会久任一地的官职，而不肯出资修缮衙署，所以多数衙署建筑往往得不到及时的修缮，简陋不堪。即使是在清代，多数衙署也存在年久失修的现象。再加上普通百姓对衙署历来就有畏惧和抵抗情绪，因此不可能去主动保护衙署建筑。

---

① 《大明会典》卷一百八十七《工部七》《营造·五·公廨》第 7 页。

县衙署破败的原因很多，既有天灾，也有人祸。破败最根本的原因在于政治体制的限制。很多在任的县官并不热衷于修葺县衙署。首先是因为"县匮于财，莫能新"①。县官要想修葺衙署，就得向州申报，修衙署就有用公费为自己营造安乐窝的嫌疑，这样就会导致上司对自己有"奢靡"的不良印象，从而影响课绩。与其花钱遭闲言，不如不修。其次，宋制规定，县官基本是三年一任，任期较短，流动性大。很多官员因此而不肯理葺衙署，长此以往，也会造成衙署的简陋不堪。

官员在职在任时住衙署，去职出衙署，便利了在职官，却也使不少官员不想修理衙署。究其原因，大致有两方面：其一，地方官修理衙署是利用政府的财政节余；其二，地方官任期较短，流动性大。所以，"官不修衙，客不修店""铁打的衙门流水的官"，几乎是地方官的共识。清代衙署年久失修者随处可见，这也是旧时衙署目前几乎荡然无存的主要原因之一。尽管很多官员怠于整修衙署，但还是会有一些忠于职守的县官认为重修衙署是分内之事。这也是为什么我们在方志中能经常看到县官重建或修葺衙署建筑的原因之一。《临榆县志》及《永平府志》中也提及申请修衙的文字。

二、临榆县衙署复原分析

2017 年，笔者与研究团队曾经尝试在基本恢复衙署旧貌（图附-1、图附-2）的基础上，拟在用地范围建造以衙署建筑群为核心的休闲旅游文化建筑组群和以文化体验为目的的休闲广场。当时的规划方案简述如下（隐去部分信息）：

---

① ［宋］唐士耻：《灵岩集》卷七：通吉守史弥忠启，影印文渊阁四库全书本。

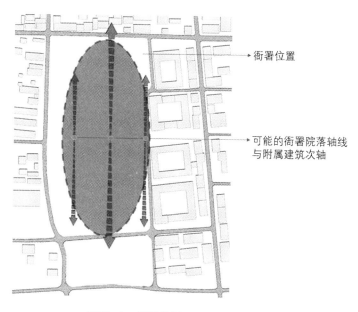

图附-1　衙署位置（区位示意图）

衙署位置

可能的衙署院落轴线
与附属建筑次轴

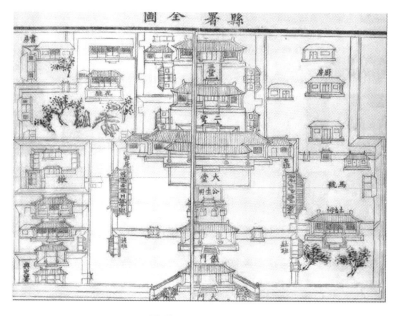

图附-2　县署全图

142

经过多轮修改与讨论，本方案的总平面设计如图附-3所示。沿主轴线展开的为建筑组群核心——衙署建筑，最终形成"一衙、三园、六院"的设计方案，即以明清临榆（渝）县衙衙署建筑群的复建为核心，向北延伸私园，向南设立艺文园、演武园，组成六艺体验园区的集文化、休闲、娱乐等于一体的建筑组群。

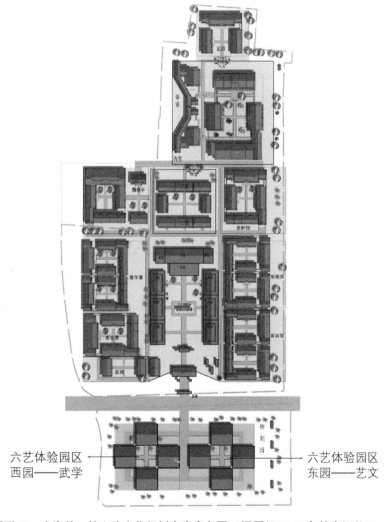

图附-3　山海关一核六边文化规划方案意向图（课题组 2017 年综合汇总）

"一衙"，即临榆县衙，在整个用地的核心部分。系列建筑根据县志等历史文献资料进行设计，是整个建筑群的核心所在。

　　"一衙"沿主轴线依次为照壁、大门、仪门、大堂、二堂及三堂。大堂前左右分布六房。其中，根据县志记载有"公生明"牌坊一座，其位置在大堂前。其规制形式如图附-3所示。

　　六房是指吏、户、礼、兵、刑、工等科房，是县衙的职能办事机构，与中央衙署的六部对应。六房位于仪门以内、大堂之前。按照"左文右武"排列，东列吏、户、礼三房，西列兵、刑、工三房。各房分工明确：吏房掌官吏任用、考核及调动；户房掌粮食、民政、财政；礼房掌礼仪、庆典、考试、祭祀诸事；兵房负责地方兵差诸事；刑房掌刑法、狱讼等；工房掌水利、起盖城池、衙门、仓库等事。

　　大堂。文献记载，大堂三开间左右，有库堂，是古代发布政令、举行重大典礼、公开审理案件的地方。

　　二堂、三堂。二堂是初审案件、商议判决意见的地方，设有公案，也审理一些不宜公开审问的案件。三堂是衙署官员宴请宾朋、接待上级官员和办公起居之所。有些案件事关机密，也在此审理。装饰较大堂、二堂华丽，体现了它作为知府居所的特点，有较浓厚的生活气息。

　　"三园"，即私园、艺文园和演武园三个园区。

　　私园，古代官员的内宅部分。这里计划修建以宅院文化为依托的茶文化休闲院落以及北方园林的欣赏区，建筑以北方建筑风格为主，主要体现山海关地区建筑的特色。

　　艺文园和演武园构成六艺体验广场，按照"文东武西"的旧制，西侧为演武园，东侧为艺文园。六艺指的是古代的六种技能——礼、乐、射、御、书、数。

　　院门为主要院落之间的联系建筑。

　　"六院"，即在衙署建筑周围设置的主体独立又相互关联的六个院落，根据功能计划修建资料陈列区、演艺展示区和餐饮服务区。

西侧自北向南分别为酿春亭、儒学署、典史署，名称志书可考，因此这三个院落主要用于历史文献的陈列展示；东侧自北向南为餐饮服务区（思鲈馆）、电子展示区（架阁库）、神祇区（寅宾馆），根据现代旅游服务要求进行设计。

院落主要建筑分为正房、厢房和门房三类。

建筑设计采用模块化（即院落建筑元）思路。山海关古城内原有建筑群以合院形式为多，四合院、三合院更为典型。正房往往以一明两暗的三开间为主要房间，硬山屋顶，左右厢房囤顶屋顶，沿街有倒座或直接开门。大型院落以此进院落沿主轴线递次层进形成两进、三进乃至多进院落。或沿主轴线并行形成跨院。方案中的儒学署、架阁库、平常仓以此为基础形成并行跨院。主要建筑的建筑面积见表附-1。

表附-1　主要建筑的建筑面积　　　（单位：平方米）

功能分区	建筑物名称	建筑面积	合计
衙署 （不含仪门、牌坊等构造物）	大堂	108	818.32
	二堂	95.54	
	三堂	95.54	
	东西配房	63.7	
	六房	360	
	男女监狱	95.54	
三园	私园	787.13	1273.13
	六艺演示区 （文园、武园）	486	

续表

功能分区	建筑物名称	建筑面积	合计
六院	酿春亭	354.71	1855.91
	儒学署	304.36	
	典史署	294.06	
	思鲈馆	294.06	
	架阁库	304.36	
	寅宾馆	304.36	
合计		3947.36	

主要参考文献

一、古籍

[东汉] 郑玄注：《十三经古注》，中华书局，2014。

[东汉] 应劭：《风俗通义校注》，王利器校注，中华书局，1981。

[东汉] 班固：《汉书》卷12，中华书局，2007。

[唐] 贾公彦：《周礼注疏》，中华书局，1985。

[北宋] 李诫：《营造法式》，中国书店，2006。

[北宋] 曾公亮：《武经总要：四库全书珍本初集》，商务印书馆受教育部中央图书馆筹备处委托影印故宫博物院所藏文渊阁本。

[南朝宋] 范晔：《后汉书》卷27，广陵书社，2012。

[明] 李贤等：《大明一统志》，三秦出版社，1990。

[清] 穆彰阿、潘锡恩：《大清一统志》，上海古籍出版社，2008。

二、专著

董耀会：《秦皇岛历代志书校注》，中国审计出版社，2001。

傅熹年：《中国古代城市规划、建筑群布局及建筑设计方法研究》，中国建筑工业出版社，2001。

郭泽民：《中国长城山海关详考》，百花文艺出版社，2006。

李镜池：《周易通义》，中华书局，1981。

谭其骧：《中国历史地图集》，中国地图出版社，1975。

萧默：《中国建筑艺术史》，文物出版社，1999。

三、期刊

柏桦：《明代州县衙署的建制与州县政治体制》，《史学集刊》1995年第4期。

白雪：《浅析呼和浩特将军衙署建筑彩画的布局与题材》，《内蒙古大学艺术学院学报》2015年第12卷第1期。

白昭薰：《朝鲜王朝地方衙署建筑制度研究》，《中国建筑史论汇刊》2014年第1期。

陈凌：《宋代地方衙署建筑的选址原则》，《文史杂志》2015年第5期。

陈凌：《宋代府、州衙署建筑原则及差异探析》，《宋史研究论丛》2015年第2期。

曹国媛、曾克明：《中国古代衙署建筑中权力的空间运作》，《广州大学学报（自然科学版）》2006年第1期。

曹强新：《清代衙署监狱建筑构造考析》，《学习月刊》2010年第12期。

苟德仪：《清代州县衙署内部建置考》，《西华师范大学学报（哲学社会科学版）》2009年第3期。

胡介中：《清代北京衙署建筑基址规模之探讨》，《中国建筑史论汇刊》2009 年第 1 期。

贺跃夫：《晚清县以下基层行政官署与乡村社会控制》，《中山大学学报（社会科学版）》1995 年第 4 期。

李德华：《明代山东地区城市中衙署建筑的平面与规制探析》，《中国建筑史论汇刊》2008 年第 1 期。

刘鹏九：《明清县衙建筑规制及建筑物功能考》，《历史档案》1993 年第 1 期。

刘鹏九、王家恒、余诺奇：《清代县官制度述论》，《清史研究》1995 年第 3 期。

史玉民：《清钦天监衙署位置及廨宇规模考》，《中国科技史料》2003 年第 1 期。

田林、张笑轩：《清代道台衙署建筑及文化意蕴研究——以清河道署为例》，《古建园林技术》2016 年第 3 期。

王国庆：《论绥远城将军衙署建筑文化》，《前沿》2014 年第 21 期。

王金玉：《古代衙署图上的架阁库说明了什么》，《档案学研究》2002 年第 2 期。

王玉亮、王庆一：《清代衙署营造规制与各地衙署变异》，《古建园林技术》2012 年第 2 期。

岳华：《中国古代行政建筑历史演进的思考》，《华中建筑》2010 年第 12 期。

杨建华：《明清扬州衙署建筑》，《华中建筑》2015 年第 33 卷第 12 期。

姚柯楠：《论中国古代衙署建筑的文化意蕴》，《古建园林技术》2004 年第 2 期。

姚柯楠、李陈广：《衙门建筑源流及规制考略》，《中原文物》2005 年第 3 期。

银晓琼、韦玉姣:《忻城土司城及衙署布局特色探析》,《古建园林技术》2017 年第 3 期。

赵辰、严再天、严建平:《"古慈溪县衙署"建筑群重建》,《建筑学报》2006 年第 1 期。

赵辰:《慈城镇古县城衙署建筑群重建工程,宁波,浙江,中国》,《世界建筑》2015 年第 5 期。

张华琴:《浙江宁波慈城古衙署遗址发掘简报》,《南方文物》2011 年第 4 期。

赵龙:《从方志看宋代县衙署建筑群的布局》,《求索》2012 年第 8 期。

赵龙:《方志所见宋代县衙署建筑规制》,《中国地方志》2014 年第 4 期。

张士尊:《明代总兵制度研究(上)》,《鞍山师范学院学报》1997 年第 3 期。

张士尊:《明代总兵制度研究(下)》,《鞍山师范学院学报》1998 年第 3 期。

四、学位论文

程鑫:《〈广东通志〉中的建筑史料研究》,华南理工大学硕士学位论文,2016。

耿海珍:《明清衙署文化与其建筑艺术研究》,中国艺术研究院硕士学位论文,2011。

高星:《元代衙署建筑形制研究——以霍州与绛州大堂为例》,西安建筑科技大学硕士学位论文,2014。

胡珀:《明代前期总兵制度形成研究》,黑龙江大学硕士学位论文，2010。

林晓蕾：《清代官府营缮工程监管机制研究》，暨南大学硕士学位论文，2018。

栗晓文：《内乡县衙建筑研究》，河南大学硕士学位论文，2009。

李志龙：《叶县县衙建筑研究》，西安建筑科技大学硕士学位论文，2016。

马腾飞：《宋元时期庆元（明州）衙署空间变迁研究——以地方行政制度变革为线索》，东南大学硕士学位论文，2018。

牛淑杰：《明清时期衙署建筑制度研究——以豫西南现存衙署建筑为例》，西安建筑科技大学硕士学位论文，2003。

聂万礼：《明代江西巡检司研究》，江西师范大学硕士学位论文，2019。

乔堃：《呼和浩特将军衙署建筑研究》，西安建筑科技大学硕士学位论文，2007。

孙菲：《云南土司府建筑研究》，昆明理工大学硕士学位论文，2008。

唐昊：《清代重庆州县衙署建筑布局研究——以永川、合州为中心》，西南大学硕士学位论文，2016。

田中洋：《明代山东总兵研究》，山东大学硕士学位论文，2018。

夏然：《明代山海关地区军事防御体系初探》，天津师范大学硕士学位论文，2014。

张海英：《明清时期山西地方衙署建筑的形制与布局规律初探》，太原理工大学硕士学位论文，2006。

赵现海：《明代九边军镇体制研究》，东北师范大学博士学位论文，2005。

朱晓宁：《南阳府衙建筑研究》，河南大学硕士学位论文，2012。

张笑轩：《明清直隶地区省府衙署建筑布局与形制研究》，北京建

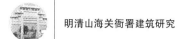

筑大学硕士学位论文，2017。

五、论文集

蒋博光：《明清衙署建筑特色》，转引自中国紫禁城学会《中国紫禁城学会论文集（第二辑）》，故宫出版社，1997。

后　记

本书幸得 2021 年河北省文化艺术科学规划项目立项，作为"秦皇岛地区建筑文化遗产的活化利用研究（HB21-YB135）"前期阶段性成果得以出版。

特别感谢张克贵老师给予的批评建议和鼓励指导。感谢在课题研究及书稿完稿过程中给予指导的各位老师、学者以及朋友、同学。大家的意见和建议都是成就本书的妙手。

感谢研究者靳润成的《明朝总督巡抚辖区研究》，谢忠志的《明代兵备道制度以文取武的国策与文人知兵的实练》，段白成、李素文主编的《清代河南巡抚衙门档案》，柏桦的《明代州县政治体制研究》和《明清州县官群体》，瞿同祖的《清代地方政府》，以及纸屋正和（朱海滨译）的《汉代郡县制的展开》……这些关于明清时期职官制度和郡县制的研究成果，使笔者对明清职官制度和郡县制的认识增益颇多，特为致谢。

感谢牛淑杰老师的《明清时期衙署建筑的制度研究》一文，其对衙署制度的历史发展梳理得甚为详尽，其对衙署制度的分析研究对本书在衙署制度的分析方面有着重要的启迪作用，特为致谢。

感谢友人惠禾女士经常一针见血地指出问题所在，很怀念隔着时空的思想交流与碰撞，感谢惠禾女士不厌其烦的督促与鼓励！

感谢课题组成员王薇、王婷在衙署建筑的初步探索中共同完成了《山海关城内官衙建筑的明清变迁分析研究——以〈山海关志〉〈临榆县志〉为依据》一文。该论文被《2019 中国建筑学会年会论文集》全文收录。当年的研究成果也用在本书之中。

北京建院京诚工程咨询有限公司的卢可歆女士"丹青妙笔"，重新绘制了清代以来的十幅古代舆图与古代建筑布局图，特此感谢！

光阴似箭，日月如梭，研究工作不可能一蹴而就，这个题目从开始调研到书稿的付梓，前前后后、断断续续已经十余年了。2006 年，笔者对山海关明清遗存的民居建筑进行测绘研究，翻阅史料，意外看到一张衙署图，图中建筑布局清晰、形象鲜明，只是山海关城内并无衙署建筑遗存，只有一处名为"刘知府宅"的明清宅院。因为彼时关注点在于民居，衙署建筑也就暂时搁下。

因缘际会，2010—2016 年，课题组调研了几处衙署建筑群，尤以宁波市慈城古镇县衙印象深刻，笔者也参与过一些衙署建筑群的复原工程，借着拙作《城·宅》书稿的完成，把之前搁下的衙署建筑又重新捡拾起来，细细打磨。在已完成的一篇研究小文《山海关城内官衙建筑的明清变迁分析研究——以〈山海关志〉〈临榆县志〉为依据》的基础上，笔者开始大量阅读秦皇岛当地相关的县志，随着不同时期的县志史料被找到，研究材料日渐丰富起来，研究的兴趣日浓，加之有同好相助，原计划是对秦皇岛地区的衙署建筑进行研究，但区域过广不利于深入，于是只选择了山海关这一独立地域切入，遂将衙署建筑这个小问题展开，作为研究明清衙署建筑的入口，经过反复修改完善，《明清山海关衙署建筑研究》书稿终于完成。

需要特别说明的是，历史地图的考证是非常专业的事情，本书中的历史文献采用了部分古代舆图，仅就所涉建筑进行了阐述，并没有对版本流传进行考据，若有错漏，敬请批评指正。

本书的写作是课题成员在阅读文献和田野调查的基础上完成的。其中，前期调研主要成员为冯柯、冯晓女士，后期文献分析图纸绘制主要成员为冯柯、李楣女士。全书约12万字，第一作者冯柯负责书稿统筹和主要篇章的撰写，贡献约7万字；第二作者李楣对山海关的历史沿革进行梳理，主要撰写了第一章和第二章部分内容，贡献约3万字；第三作者冯晓对衙署建筑进行了实地调研踏勘，主要撰写了第三章、第四章部分内容，绘制了部分草图，贡献约2万字。书中配图主要由冯柯、李楣与卢可歆女士完成，具体署名见文中图名标注。

书稿付梓面世，包含了太多人的心血与付出。学术的积累有着许多前辈学者的积淀与思想，书中引用已经一一标注，又唯恐挂一漏万，再致感谢！

本书作者们的辛劳自不必说，尤要感谢九州出版社与人文在线的编辑在排版、审稿校对等工作上的认真严谨，衷心感谢大家的付出！

感谢一起研究和奋斗的时光！

冯　柯

二〇二一年辛丑七夕